计算机辅助园林设计

李 霞 编著

北京理工大学出版社
BEIJING INSTITUTE OF TECHNOLOGY PRESS

内 容 简 介

本书详细介绍了园林景观设计理论及平面图绘制技巧。以广泛使用的 AutoCAD 2007 为平台，对园林设计平面图纸的绘制进行了详细的阐述，内容包括：园林规划设计图纸的内容与要求、园林构景要素、文件基本操作、绘图环境设置、图层的建立和编辑、线的绘制与编辑、基本图形的绘制、图形辅助命令、块操作及应用、图纸输出以及综合绘图技巧和案例展示等。

本书深入浅出，图文并茂、实践性强、可操作强，可作为园林设计专业的教材使用，也可作为园林设计制图初学者以及非专业爱好者的参考教材。

版权专有　侵权必究

图书在版编目（CIP）数据

计算机辅助园林设计/李霞编著. —北京：北京理工大学出版社，2011.5
ISBN 978 - 7 - 5640 - 4118 - 2

Ⅰ.①计… Ⅱ.①李… Ⅲ.①园林设计：计算机辅助设计 – 应用软件，AutoCAD Ⅳ.①TU986.2 –39

中国版本图书馆 CIP 数据核字（2010）第 258548 号

出版发行／北京理工大学出版社
社　　址／北京市海淀区中关村南大街 5 号
邮　　编／100081
电　　话／(010)68914775(办公室)　68944990(批销中心)　68911084(读者服务部)
网　　址／http：//www.bitpress.com.cn
经　　销／全国各地新华书店
印　　刷／保定市中画美凯印刷有限公司
开　　本／710 毫米×1000 毫米　1/16
印　　张／9.75
字　　数／182 千字
版　　次／2011 年 5 月第 1 版　　2011 年 5 月第 1 次印刷　　责任校对／陈玉梅
定　　价／25.00 元　　　　　　　　　　　　　　　　　　责任印制／边心超

前　　言

随着人们对生态环境质量的日益重视，园林景观设计成为一门重要的学科。园林建设工作者的队伍在逐步扩大，尤其是设计工作者。本书的作者结合多年设计工作的经验，就园林平面制图的基本做法做了详细的介绍，可为初步接触园林设计的工作者以及广大的园林专业在校生提供参考。

园林平面图绘制的主要应用软件为美国 Autodesk 公司开发的 AutoCAD 软件，这是一个功能强大、应用广泛的一个软件。本书主要讲述在园林制图中如何应用该软件及熟练绘制平面图。本书图文并茂，深入浅出，具有可操作性。

该书作者于 20 世纪 90 年代开始学习园林设计专业，先接触园林设计工作而后接触电脑制图，并长期在基层单位从事园林设计工作。因此，该书和一般的电脑参考书所不同的是：该书将园林设计理论进行提炼、概括、总结，可以使广大的读者能很好地将理论与绘图实践进行有机的结合，对园林设计工作有更深刻的了解。园林设计是一门艺术，只有熟悉了园林设计理论，才能创造性地做出优秀的园林设计，而不是过分强调软件技术，为了绘图而绘图。

可以这么说，计算机只是辅助制图。要想真正成为合格的设计工作者首先要有设计的思路和创造力以及创新能力。熟练地掌握 AutoCAD 绘图软件则是基础。

本书的主要内容包括以下几个部分：绪论部分是园林景观平面图的基础知识，让读者对园林设计图纸有一个总体的印象。第 1 章是园林图纸的基本结构和绘图要求及园林造景要素。第 2 章开始介绍软件的基础知识。第 3 章至第 9 章是本书的主要内容，介绍 AutoCAD 所有的命令介绍以及应用：第 3 章是文件的基本操作，包括文档打开、保存及退出等内容；第 4 章是绘图环境的设置，包括图层的绘制及辅助绘图工具等；第 5 章专门介绍图层；第 6 章是线的绘制；第 7 章为基本图形的绘制；第 8 章是辅助图形命令；第 9 章是块操作的内容，其中很多块操作是作者在平时的设计工作中积累的经验和简便做法，对常用的每一个命令都进行了详细的介绍，在园林设计中不常用的命令则是一带而过。第 10 章是图纸的输出，这是一个重要的环节，没有打印输出，画的图纸无法变为现实。第 11 章是园林设计综述，对整套图纸的绘制做了详细的介绍，相信读者会对园林平面图的绘制有一个全面的了解。

由于时间和个人水平有限，本书中疏漏和不足之处在所难免，敬请广大读者予以批评指正。

编 者

2010.12

目　　录

绪　　论

1. 园林艺术概论

园林设计就是在一定的地域范围内，运用园林形式和工程技术手段，通过改造地形（或者进一步筑山、叠石、理水），种植树木、花草，营造建筑和布置园路等途径创作而建成的美的自然环境和生活游憩境域的过程。它是一门研究如何应用艺术和技术手段处理自然、建筑和人类活动之间复杂关系，达到和谐完美、生态良好、景色如画之境界的一门学科。

中国是世界闻名的古国，有着悠久的历史、璀璨的文化，更有众多名山大川的钟灵毓秀，从而积淀了深厚的中华民族优秀文化的造园艺术遗产。从殷周时期的"灵囿"作为中国园林的起源，至今已有 3000 多年的历史。历经秦汉时期的建筑宫苑、唐宋写意山水园，到清代保留下来的颐和园、承德避暑山庄等园林作品，充分体现了中国自然山水式园林的独特风格。中国园林作为中国传统文化的组成部分，园林创作必然受到中国历史、政治、经济、文化诸方面条件的影响。经过 2 000 多年封建社会孕育的中国园林，在"天人合一、君子比德、封建迷信"等传统思想的束缚下，造就了中国自然山水园林体系的特征。

随着社会的发展，新技术的崛起和进步，园林设计艺术不仅要求设计者要具备文学、艺术、建筑、生物、工程学方面的知识，更要熟练准确地绘制园林设计图纸，完美地表达设计者的设计思想。

2. 园林设计平面图纸的表现

设计的表现是设计师在设计过程中运用各种工具和方法来表达设计构思及传达设计信息，是整个设计过程的重要环节。

（1）园林设计平面图的内容

在园林设计中，平面图纸是最基本的图纸，通过平面图纸进行效果图、鸟瞰图的制作，方案确定后又通过平面图进行施工图的绘制，再以施工图为依据进行现场工程的施工。

本书所讲述的平面图内容包括 DWG 格式彩色平面图纸、施工图纸、JPG 格式平面效果图纸。

平面图包括总平面图、现状分析图、道路系统图等。施工图包括总平面图、立面图、剖面图、结构图、详图、大样图纸等。

（2）园林设计平面图规格

不管是哪一类的图纸，其图幅均采用国际通用的 A 系列图面规格。"A0"称 0 号图纸，纸幅为 840 毫米×1 189 毫米；"A1"称 1 号图纸，纸幅为 594 毫米×840 毫米；"A2"称 2 号图纸，纸幅为 297 毫米×594 毫米；A3、A4 依次类推。由于图幅的需要，必要的时候可沿图纸长边的方向加长，以长边长的分数单位加长，如加长 1/2、1/3、1/4 等，在图号处标上加长几分之几即可。

3. 园林设计平面图的表现的工具与材料

"工欲善其事，必先利其器"，绘制平面图离不开专用的绘图工具。初学园林专业的学生要首先了解一下专用的绘图工具，即使现在常用计算机绘图，有一定的手绘图基础对学习计算机辅助制图也是大有裨益。

（1）笔

绘制平面图的种类繁多，常用的有铅笔、彩色铅笔、针管笔、马克笔、鸭嘴笔等。

1）铅笔。这里所指的是绘图铅笔，作为起草稿的工具，如图 0.1 所示。有 H、HB、B 三种类型，一般绘图用较硬的 2H、HB 铅笔。铅笔使用方便，画线条容易控制，还可以很方便地修改，适宜初学者起稿或者即兴地记录线条。但铅笔的表现力较弱，只有单色的变化，而且不能保存，一般用来做墨线或者彩色铅笔、马克笔彩色图的起稿。

2）彩色铅笔与马克笔。绘图时用的是水溶性彩色铅笔，如图 0.2 所示。这种铅笔既可像普通铅笔一样使用，也可以溶解于水，可以像水彩笔那样进行细腻的表现。彩色铅笔携带、使用都很方便。

图 0.1　绘图铅笔　　　　　　图 0.2　彩色铅笔

马克笔在设计中也有广泛应用，如图 0.3 所示。它表现力强，绘制快速，是徒手绘制彩色平面图和效果图的首选，但是掌握技法比较难。

3）针管笔（墨线笔）。针管笔是最常见的描线笔，它按照笔头的粗细来划分系列型号，从 0.1 毫米～1.0 毫米均有，如图 0.4 所示。园林设计图纸常用的是 0.3 毫米、0.6 毫米、0.9 毫米的针管笔。针管笔绘制线条清晰有力，而且可以控制线条的粗细，定稿均用针管笔或其他的墨线笔。它适合的纸是描图纸（硫酸纸），这是一种半透明的纸，是工程图用纸，绘制完成的墨线图再用晒图机晒制后即成为蓝图，一张墨线图可根据需要晒制多张蓝图。

图 0.3 马克笔

图 0.4 针管笔

（2）其他工具

图 0.5～图 0.9 所示工具均为绘制工程图纸的辅助工具。丁字尺与三角板用于直线的绘制，量角器用于角度的绘制，曲线板用于曲线的绘制，圆规用于圆形的绘制，有了这些工具，手绘图纸可以画得十分规矩和精确。

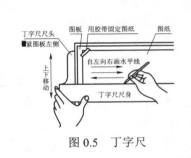
图 0.5 丁字尺

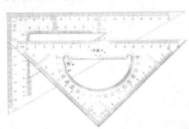
图 0.6 三角板

图 0.7 量角器

图 0.8 曲线板

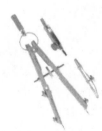
图 0.9 圆规

4. 计算机和手绘图的关系

在园林设计领域，近几年计算机的作用越来越重要。设计师除了手绘技能外，更要与时俱进熟练地掌握计算机软件的应用。如果是非常复杂的设计方案，计算机完全可以代替手绘，在高效率的今天，做什么都是要求速度，因此计算机制图显示了它强大的功能。但是计算机绘图缺乏个性的张扬，在现今的园林设计领域，又开始从计算机制图向手绘图的回归，但是只是限于效果图。绘制平面图和施工图还是计算机制图占据优势。

手绘图是园林制图的基础，不经过手绘图阶段，计算机制图掌握起来很有难度，建议初学者要认真学习手绘图，重点掌握一些比例、尺寸的关系等。

第 1 章

园林景观平面制图基础

1.1 园林规划设计图纸的内容与要求

一套完整的园林设计图纸要经历三个设计阶段。一是初步设计阶段（大型项目称概念性意向设计），二是详细设计阶段，三是施工图阶段，园林工程竣工后还要有竣工图阶段。

1. 初步设计阶段

这一阶段是对整个项目的立意、背景等做一个总结和整理，做出一个初步的概念性的设计。主要表现形式为效果图及平面效果图。平面效果图的制作会在第二阶段进行详细的介绍，也是项目向甲方沟通交流的第一步。一般情况下，设计方和甲方都会经过多次的交流拿出修改意见，直到双方满意，然后再进行下一步的设计工作。

2. 详细设计阶段

这是一个非常重要的阶段，经过第一阶段的方案汇报和讨论。在方案的大概方向已定的情况下，就要进行详细的设计了。即在布局、结构、材质、建筑小品、植物品种等多方面作出详细的设计。在这里详细介绍相关内容，该阶段包括以下图纸内容。

（1）现状分析图

在进行园林设计之前，首先要进行现状调查工作，从而逐渐由现状出发而得出方案，对于较大较复杂的工程，必须制作现状分析图，如图 1.1 所示。现状分析图包括基地的自然条件、人工环境、设施现状、人文历史条件、视觉因素等，制作现状分析图应经过基地勘察并记录各项数据，最后通过图纸形式对现状分析结果进行表现，确定设计理念和设计目标等。

（2）总平面图

总平面图是园林设计的总体方案图，对于小型的游园方案，只需一张总平面图即可清晰地表达设计意图。总平面图的信息量较大，要表示出道路系统、建筑、地形、小品、水体等的准确位置。还要标注指北针和比例，需要详细说明之处还要配上一段文字说明和相关技术指标、图例说明等。

总平面图是表现原来设计总体效果的主要图纸，因此要注意图纸的版面和效果，要遵循美学原理，增强图面的艺术表现力和感染力，如图1.2所示。

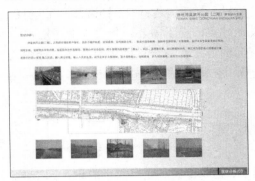

图1.1　某项目的现状分析图　　　　图1.2　某项目的设计原则表现

（3）景观规划分区图

景观规划图主要是针对大型园林设计和较复杂的场地制作的规划图，有助于更加直观地表现园林设计思路，并提供给读图者总体的游览序列。

景观规划图需要清晰表达景观设计的理念及与场地的关系，有时候要附加简单的文字说明，要求清晰表明景点位置、观景效果、视线分析、景区分割、游览路线等。为了使景观意向更加明了，也会附加照片、环境效果图等，将景区功能分区与景点标识分开表现。一般根据概念性规划设计可分为生态密林区、观光旅游区、儿童活动区、入口广场区等，各种分法不拘一格。

（4）植物规划图

植物规划图是表现园林植物造景意向的图纸，包括植物的平面种植分布、群落效果、植物规格、配置方式等。

3. 园林施工图阶段

在园林方案基本确定、园林设计完成后，由设计单位根据设计方案作出施工指示图纸，便于在施工中进行挖填方、放样、配景等施工工作。园林设计的施工图大致包括总平面图、定位图、索引图、竖向图、绿化种植图、铺装施工图、照明施工图、水体施工图、重要小品或建筑结构施工图及详图等。

定位图是指示目标图纸中各项内容的位置与基本标注的图纸，索引图主要表现目标图纸中各项内容的布局方式及编排，以便在详图绘制时与索引图对照。两者都是施工图的基础，常常融合在一张图纸上表现。需要表现图纸中各种元素的类型、各种元素的坐标与尺寸参照、道路的规格、各类要素的位置等因素。

竖向图表现竖向设计的内容，如排水方向、转弯坐标、坡度值、标高等，竖向图是指导施工填挖方和放样的基础。

绿化种植图表现绿化种植的方案和施工方式，也称绿化施工图。包括植物种植点定位、植物类型、植物种植苗木规格等内容。对于较为复杂的绿化场地，还需要将绿化种植图分类来表现，如落叶乔木、常绿乔木施工图，落叶灌木、常绿灌木施工图，地被植物施工图等。

铺装施工图用来指导铺装类型与铺装放样，包括铺装材料、铺装面积等信息。

照明施工图指示照明灯具的位置与设计方案，用于需要夜景设计的场地中。

结构施工图及各种详图要针对实际情况酌情绘制与设计，如小品结构详图、水体施工图、重要结构或小品的剖面详图等，稍后会在绘制图纸的章节详解，这里不再赘述。

1.2　园林构景要素

园林构景要素包括地形设计、水体组织、植物配置、建筑及小品设计四方面。在园林制图之前首先要掌握园林中地形、山石、水体、植物、小品及其他配景设施的表现方法。

1. 地形

在园林设计中，地形的平面用标注或者图示来表现，如图 1.3 所示。

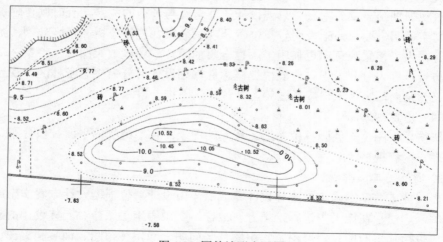

图 1.3　园林地形表示图

2. 山石

山石在园林中的功能很多，具有识别标志、地形塑造、环境点缀等作用。

3. 水体

水是园林的灵魂，水体的绘制方法可以通过线条法、等深线法来表示，如图 1.4 所示。

4. 植物

植物是园林设计中不可缺少的造景元素，同时，也是丰富园林图纸和完善园林设计的重要因素。由于植物的种类很多，在表示的时候需要根据植物本身的形

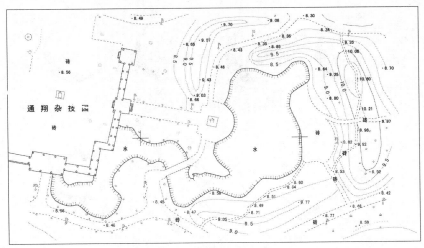

图 1.4 园林水体表示图

体特征和习性来提炼绘图。植物包括单株植物、多株植物、植物群落、色块造型、草坪等元素，如图 1.5～图 1.11 所示。

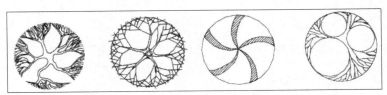

图 1.5 枝干型植物图例

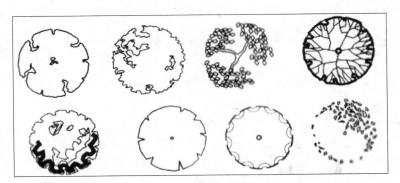

图 1.6 阔叶树图例

图 1.7 枝叶型植物图例

图 1.8　带阴影的植物图例

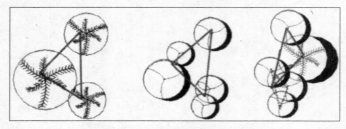

图 1.9　多株植物图例

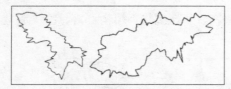

图 1.10　手绘植物群落图例

图 1.11　计算机云线功能绘制的植物群落图例

5. 小品及其他配景设施

园林小品主要包括花架、亭、廊、楼、阁、栏杆、景墙等，如图 1.12 和图 1.13 所示。其他配景设施还包括雕塑、铺装、园路、园桥、汀步、喷泉水景等。

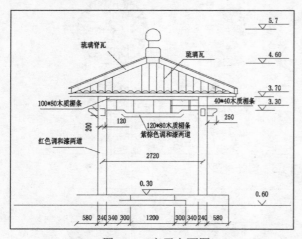

图 1.12　亭子立面图

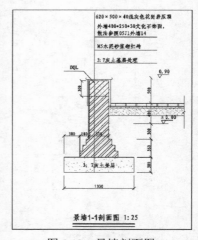

图 1.13　景墙剖面图

第 2 章

AutoCAD 2007 软件基础

CAD（Computer Aided Design）即计算机辅助设计。它包括多项计算机运用技术，计算机辅助绘图是其中运用较为普遍的一项技术。AutoCAD 是由美国 Autodesk 公司开发的一种专用计算机绘图的软件，被广泛应用于机械、电子、建筑、园林、车船制造、航空航天、地质开发等领域。

园林设计涉及要素包括建筑、山石、水体、植物等，运用 AutoCAD 可以帮助设计者较明确地表达自己的设计意图。AutoCAD 中的矢量计算和精确表达有助于园林施工图纸的正确完成；AutoCAD 中的线形可以快速组织和修改，节约了手绘过程中的删减和修改的时间；另外，AutoCAD 可以自由地缩放绘制尺寸，从而减少了手绘图纸时比例换算的时间和误差。

AutoCAD 虽然具有精确、快捷的优势，但是使其完全表现园林设计的效果还具有一定的局限性。园林设计要表现丰富的园林空间内容，只靠 AutoCAD 的色彩填充是无法表现细腻的渲染效果的，还需要结合 Adobe Photoshop 、CorelDRAW 等软件进行后期处理完成。另外，AutoCAD 的三维制作能力和渲染能力有限，所以不能模拟园林的真实场景，在效果表现上受到局限，所以需要结合 3ds Max 等软件进行相关处理。

AutoCAD 有很多的附加功能。能够显示填充图案的面积，这对园林制图具有非常重要的作用；能够很方便地统计出植物的面积；增加了文字和表格编辑功能，为园林制图中图例的制作提供便捷；新版本还增加了标注编辑、动态编辑、动态输入等人性化操作功能。

2.1 AutoCAD 软件的安装

首先打开安装文件夹，出现 AutoCAD 安装文件夹。然后打开 AutoCAD 安装文件夹，如图 2.1 所示。

双击 Setup.exe 文件，然后单击"确定"按钮，弹出图 2.2 所示的对话框，单击"确定"按钮，安装所需的支持部件，如图 2.3 所示。然后打开 AutoCAD 2007 安装向导对话框，依图 2.4～图 2.8 所示进行操作即可。

图 2.1　安装图标

图 2.2　安装程序标签

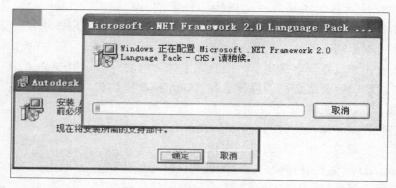

图 2.3　安装所需的支持部件

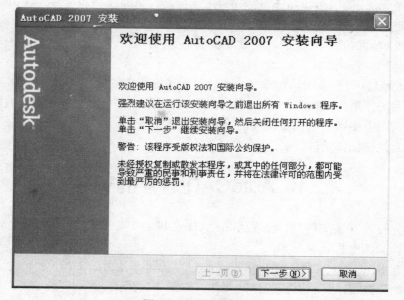

图 2.4　软件安装向导

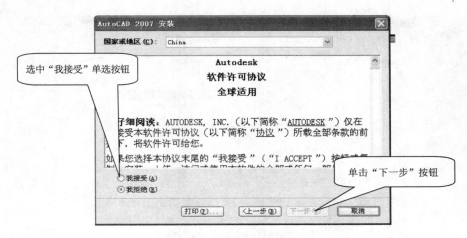

图 2.5　软件安装协议

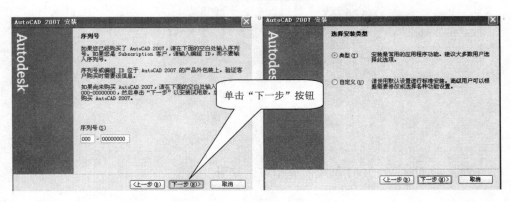

图 2.6　软件安装步骤

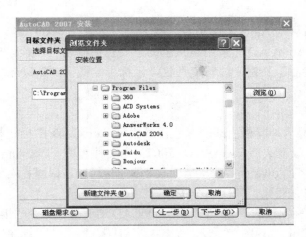

图 2.7　选择安装路径

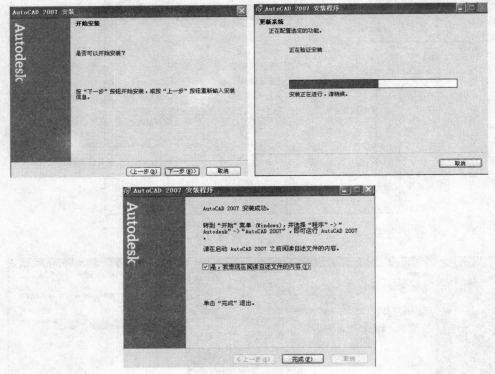

图 2.8　软件安装完成

至此，AutoCAD 2007 就安装完毕可以使用了。

2.2　AutoCAD 的操作界面

在安装完后启动 AutoCAD 2007，屏幕上出现 AutoCAD 2007 的主用户界面，如图 2.9 所示，AutoCAD 的主用户菜单面主要包括标题栏、菜单栏、下拉菜单、标准工具栏、绘图工具栏、编辑工具栏、坐标、绘图区、滚动条、命令行及信息栏、状态栏和辅助命令等。

1. 标题栏和菜单栏

如图 2.10 所示，屏幕顶部的深色背景栏是 AutoCAD 的标题栏，左侧显示的是 Auto CAD 的版本类型（AutoCAD 2007）和文件名称（Drawing1.dwg 为默认的 AutoCAD 文件名，.dwg 为 AutoCAD 文档的扩展名），标题栏右侧为当前窗口操作指示，有缩小、还原、关闭三个按钮。

菜单栏位于标题栏的下方，它提供 AutoCAD 所有操作命令的指示内容。主菜单包括"文件""编辑""视图""插入""格式""工具""绘图""标注""修改""窗口""帮助"，每一个主菜单都包括一个下拉菜单。下面对其进行一一介绍。

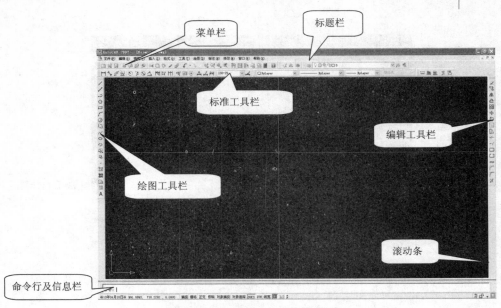

图 2.9　AutoCAD 2007 绘图界面

图 2.10　标题栏和菜单栏

（1）"文件"菜单

"文件"菜单的主要功能是对图形文件进行管理，如打开、保存、打印等，如图 2.11 所示。

常用的命令有如下。

1）新建：快捷键是 Ctrl+N，弹出如图 2.12 所示的对话框，在"文件类型"下拉列表框中选择"图形样板（*.dwg）"选项，然后单击"打开"按钮右侧的下拉按钮，在弹出的下拉菜单中选择"无样板打开–公制"选项"，这样就可以新建一个新文件了。

2）打开：快捷键是 Ctrl+O，选择打开命令，弹出图 2.13 所示的对话框，选择正确的路径，打开已经创建的*.dwg格式的文档。

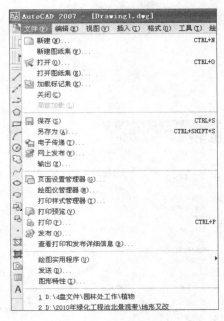

图 2.11　"文件"菜单

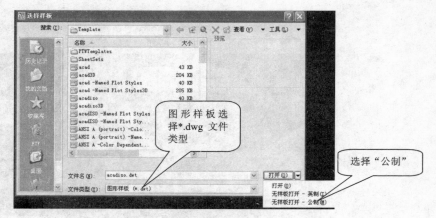

图 2.12　"选择样板"对话框

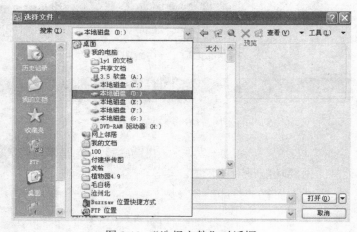

图 2.13　"选择文件"对话框

图 2.14　"编辑"菜单

3）保存：快捷键是 Ctrl+S，在编辑图形文件的过程中要及时进行保存。

4）另存：快捷键是 Ctrl+Shift+S，需要将文档另存，使用另存命令。

5）打印：快捷键是 Ctrl+P，打印命令，将绘制完成的文档打印输出，"打印"将在后面详细讲解。

6）退出：快捷键是 Ctrl+Q，退出 AutoCAD 软件，或直接单击标题栏右侧的"关闭"按钮。

（2）"编辑"菜单

"编辑"菜单可以对文件的图形进行相应的编辑，如图 2.14 所示，主要常用的命令如下。

1）放弃：快捷键是 Ctrl+Z，返回上一步的操作。

2）剪切：快捷键是 Ctrl+X，将所选图形剪切到剪贴板。

3）粘贴：快捷键是 Ctrl+V，将剪贴板的图形粘贴。

4）复制：快捷键是 Ctrl+C，将图形复制。

（3）"视图"菜单

"视图"菜单用来调整绘图的可视形态，如进行视图窗口缩放、三维图像效果设置等，如图 2.15 所示。其中"缩放""平移""动态观察""相机""漫游和飞行""视口""三维视图""视觉样式""渲染""显示"命令有子菜单。通过拖动鼠标到其右侧的三角形按钮上可以查看子菜单目录，如图 2.16 所示。

图 2.15　"视图"菜单

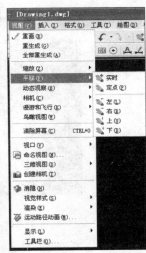

图 2.16　视图子菜单

（4）"插入"菜单

"插入"菜单是指对图像进行块操作、文件插入或链接等工作，如图 2.17 所示。包括以下几项内容。

1）插入块：将定义成的块插入当前图形中。

2）插入光栅图像：可插入 JPG 格式的图像文件。选择"插入"→"光栅图像参照"命令，弹出"图像"对话框，如图 2.18 所示。选择图像路径，单击"确定"按钮，输入比例因子，将 JPG 格式的文件插入到 DWG 格式的文档中，如图 2.19 所示。

（5）"格式"菜单

"格式"菜单可用于设置绘图环境，如图层设置、多线格式等，包括图层、颜色、线型、线宽等命令，如图 2.20 所示。

（6）"工具"菜单

"工具"菜单包括了所有辅助工具，如捕捉、栅格、查询等，如图 2.21 所示。其中快速选择和显示顺序、查询（如图 2.22 所示）等命令将在后面的章节中重点介绍。

图 2.17 "插入"菜单

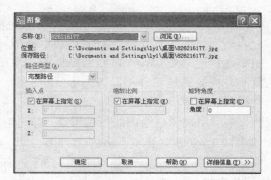

图 2.18 "图像"对话框

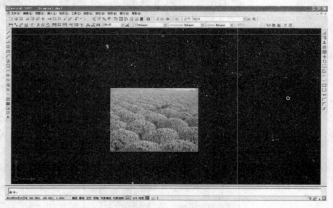

图 2.19 将光栅图像插入视图中

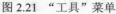

图 2.20 "格式"菜单　　　图 2.21 "工具"菜单　　　图 2.22 "工具"菜单中的
"查询"子菜单

（7）"绘图"菜单

"绘图"菜单包括 AutoCAD 所有的图形绘制命令，如各种线、基本图形的绘制命令——直线、射线、多段线、三维多段线、矩形、圆弧、圆、圆环、样条曲线、椭圆、块、点、图案填充、修订云线、文字等，如图 2.23 所示。具体每一项内容，将会在后面的章节中详细讲解。

（8）"标注"菜单

"标注"菜单的功能是完成 AutoCAD 中图形规格标注的工作，包含了 AutoCAD 中所有的标注形式，如图 2.24 所示。具体包括：快速标注、线性、对齐、坐标、半径、直径、角度、基线、连续、引线、公差、圆心标注、倾斜、对齐文字、标注样式、替代等。标注是 AutoCAD 绘图的一项重要内容，是进行施工放线的重要依据，将在后面的专门的章节中详细叙述该项内容。

图 2.23 "绘图"菜单　　图 2.24 "标注"菜单

（9）"修改"菜单

"修改"菜单包含的都是 AutoCAD 常用的命令，如图 2.25 所示。承担对所绘制的图形进行编辑修改的任务，主要命令如下：

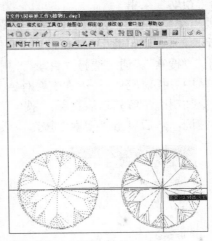

图 2.25 "修改"菜单中的"复制"命令

1）删除：将所选择的图形删掉，相当于橡皮的功能。

2）复制：将所选图形进行复制。

3）镜像：将所选的图形镜像。

4）移动：移动图形的位置，如图 2.26 所示。

5）阵列：以一个图形作为对象，对它进行阵列操作非常方便，如图 2.27 所示。

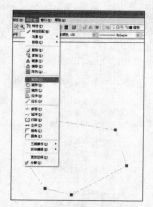
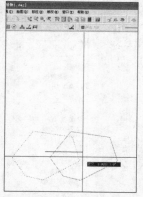

图 2.26　使用移动命令将图形移动

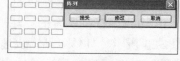

图 2.27　使用阵列命令将图形阵列

其他命令不再赘述，将在以后的章节中结合实例进行详细介绍。

（10）"窗口"菜单

"窗口"菜单管理的是 AutoCAD 绘制窗口信息，如多个窗口的层叠或平铺及窗口关闭等操作，如图 2.28 所示。具体包括：关闭、全部关闭、锁定位置、层叠、水平平铺、垂直平铺、排列图标。

（11）"帮助"菜单

"帮助"菜单可以为 AutoCAD 提供绘图过程中相关疑难问题的解决方法，如图 2.29 所示。选择"帮助"→"帮助"命令即可进入"帮助"执行窗口，包括"目录""索引""搜索"。通过选择"目录"，用户可以查看 AutoCAD 帮助的主要项目内容，从中寻找对应项目；"索引"对 AutoCAD 中详细指令进行了解释，可以帮助用户更加明确了解其功能意义；"搜索"可以通过直接输入所需要查询或解决的问题关键词，然后单击"搜索"按钮，通过搜索结果寻找对应的解答项目。

图 2.28　"窗口"菜单

图 2.29　"帮助"菜单

2. 绘图区

AutoCAD 界面中，位于窗口中间的黑色区域都是绘图区，如图 2.30 所示。绘图区没有边界，可以通过视图功能调节视图大小。在绘图区的左下角有两条由相互垂直的带箭头的线组成的图形，是 AutoCAD 中设立的坐标系统（UCS），它可以根据用户的需要进行实体建模或标注用户坐标系统。

另外，在绘图区，光标是以十字形出现的，通过选择"工具"→"选项"命令打开"选项"对话框，如图 2.31 所示。

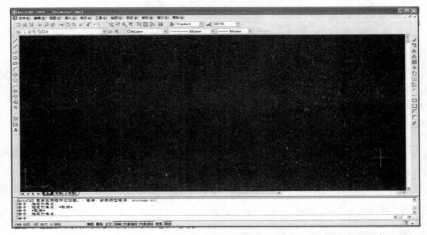

图 2.30　绘图区

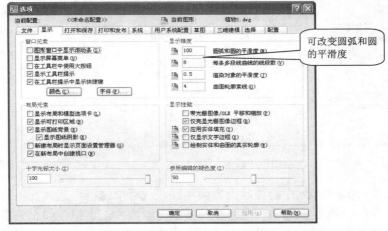

图 2.31　"选项"对话框

单击"颜色"按钮后弹出"图形窗口颜色"对话框，选择颜色即可改变绘图区的颜色，如图 2-32 所示。在"十字光标大小"选项区域中拖动滑块，可改变十字光标的大小。

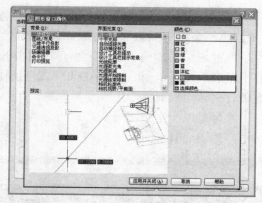

图 2.32　"图形窗口颜色"对话框

在"显示精度"选项区域中，在"圆弧和圆的平滑度"文本框中增加数字，能够改变圆弧的平滑度。

另外，在绘图区，光标是以"十"字形出现的，通过选择"工具"→"选项"命令，打开"选项"对话框，打开"草图"选项卡来设置光标的捕捉形态和靶框大小，如图 2.33 所示。具体内容将在绘图环境设置中详细讲解。

在绘图区某个位置单击，光标就会停留在这个位置，拖动会成为一个虚框。如果图形内有图形元素，则被选中，如图 2.34 所示。

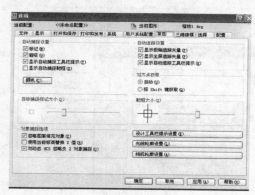

图 2.33　"草图"选项卡

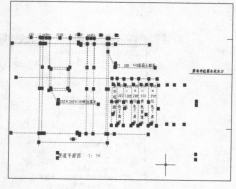

图 2.34　图形被选中的状态

在 AutoCAD 中，拖动的方向不同，进行框选的样式就会不同。由左向右拖动选框时，需要框选出一个完整的图形元素后才能选中，如一条直线的两端、圆形的整体等；相反，如果从右向左拖动选框，则只要选中图形元素上的一点即可选中该图形。两种选择方式各有优势，如何选择主要由针对什么样的图形元素及整体图纸的构图形态决定。

3. 工具栏

AutoCAD 中的默认工具包括标准工具栏和其他工具栏。

标准工具栏（如图 2.35 所示）紧贴在菜单栏的下方，包括 AutoCAD 中重要的操作按钮和最常用的命令。

图 2.35　标准工具栏

与 AutoCAD 标准工具栏同时出现在 AutoCAD 绘图区上方的还有图层属性工具栏和特性工具栏，如图 2.36 所示。"特性"工具栏用于快速修改绘图区已被选中的图形特性，包括图形的颜色、线型、线宽等；图层属性工具栏可以快速编辑图层的相关属性，如设置新图层或重新命名图层、设置或修改对应图层的绘制线型、设置或修改对应图层的线条色彩等。

此外，在 AutoCAD 窗口的两侧还有两条工具栏，它们是 AutoCAD 中最常用的绘图工具栏和编辑工具栏。在 AutoCAD 绘图过程中，用户完全可以直接通过单击相应的图标按钮来实现绘制或编辑操作，而不需要打开菜单栏。

如图 2.37 所示，左侧为绘图工具栏，其图标的含义由上而下依次为："直线""构造线""多段线""正多边形""矩形""圆弧""圆""云线""样条曲线""椭圆""椭圆弧""插入块""创建块""点""填充""面域""多行文字"。

图 2.37 中右侧为编辑工具栏，其图标的含义由上而下依次为："删除""复制""镜像""偏移""阵列""移动""旋转""缩放""拉伸""修剪""延伸""打断于点""打断""倒角""圆角""分解"。

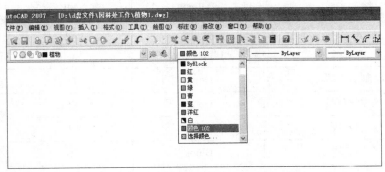

图 2.36　图层属性工具栏和特性工具栏　　　　图 2.37　绘图工具栏和
编辑工具栏

另外，紧贴在绘图区下方有图形滚动工具条和布局调节栏。

4. 命令输入

（1）命令操作方法

AutoCAD 提供了多种命令操作方法，在使用中，可以根据自己的习惯进行操作。主要有 3 种操作方法：一是直接单击这些命令图标；二是结合快捷键在命令行直接输入绘图指令进行绘图操作命令，命令输入行及信息栏如图 2.38 所示，常用命令的指令与缩写形式如表 2.1 所示；此外，还可以点击鼠标右键，系统可以弹出快捷菜单，列举当前绘图状态中可能用到的各种命令。

图 2.38　命令输入行及信息栏

表 2.1　常用命令的指令与缩写形式

工具栏	名　称	英文指令	缩　写
1	直线	Line	L
2	构造线	Xline	XL
3	多段线	Pline	PL
4	正多边形	Polygon	POL
5	矩形	Rectangle	REC
6	圆弧	Arc	A
7	圆	Circle	C
8	样条曲线	Spline	SPL
9	绘制多线	Mline	ML
10	椭圆	Ellipse	EL
11	椭圆弧	Ellipse-arc	EL-A
12	绘制实心圆环	Donut	Do
13	绘制填充圆	Donut	Do
14	插入块	Insert	I
15	创建块	Block	B
16	点	Point	PO
17	填充	Bhatch	BH/HE
18	面域	Region	REC
19	删除（橡皮）	Erase	E/RE
20	复制	Copy	CO/CP
21	镜像	Mirror	MI
22	表格	Tablet	TA

续表

工具栏	名　　称	英 文 指 令	缩　　写
23	偏移	Offset	O
24	阵列	Array	AR
25	移动	Move	M
26	旋转	Rotate	RO
27	缩放	Scale	SC
28	拉伸	Stretch	S
29	修剪	Trim	TR
30	延伸	Extend	EX
31	打断于点	Break	Br
32	打断	Break	Br
33	倒角	Chamfer	Cha
34	圆角	Fillet	F
35	编辑多段线	Pedit	Pe
36	匹配对象特征	Matchprop	Ma
37	打开对象特性管理器	Properties	Pr
38	编辑对象特征	Change	Ch
39	查询距离	Dist	Q/DI
40	查询面积	Area	Ar
41	查询坐标		Id
42	设置系统变量命令	Setvar	Set
43	射线	Ray	
44	绘制三维填充曲面	Solid	So
45	并集	Union	U
46	差集	Subtract	Su
47	交集	Intersect	Int
48	修订云线	Revcloud	
49	分解	Explode	
50	视图重生成	Regen	Re

1）快捷键菜单输入命令

在绘图的过程中，在绘图区右击，在弹出的快捷菜单中选择相应的命令即可。

2）功能键

AutoCAD 中定义了不少功能键的操作，直接按功能键即可执行命令，大大地节省了绘图的时间。功能键的执行还常常结合键盘操作使命令的执行更加精确。表 2.2 所示就是图形文件绘制与编辑中常用的功能键操作的列表总结。

表 2.2　常用命令的指令与快捷键

编号	命 令 名 称	菜单或指令	快 捷 键
1	输出数据		Exp
2	重生成	"视图"→"重生成"	RE
3	显示全图	"视图"→"缩放"→"全部"	Z—空格—A—空格
4	视图平移	"视图"→"平移"	P
5	打开标注样式管理器	"格式"→"标注样式"	D—空格
6	配置绘图环境	"工具"→"选择"	Option
7	对象捕捉	打开对象捕捉	Shift+右击
8	设置绘图单位	"格式"→"单位"	
9	设置图形界限	"格式"→"图形界限"	
10	重复命令	Enter	空格键
11	透明命令		单引号（'）+命令
12	显示文本框	"视图"→"显示"→"文本窗口"	F2
13	将命令历史中所有文字复制到剪贴板		Copylist
14	对象捕捉	状态栏→捕捉	F3
15	调整等轴侧平面	"视图"→"三维视图"	F5
16	(打开/关闭)UCS		F6
17	栅格点设置	状态栏→栅格	F7
18	线正交	状态栏→正交	F8
19	栅格捕捉		F9
20	控制圆环等实体填充	Fillmode	
21	恢复被删除图形对象	"编辑"→"放弃"	Opps
22	复制	"编辑"→"复制"	Ctrl+C
23	粘贴	"编辑"→"粘贴"	Ctrl+V
24	全部选择	"编辑"→"全部选择"	Ctrl+A

3）透明命令

AutoCAD 中的命令分普通命令和透明命令两种。通常在执行某一命令的过程中还需要进行其他操作。在某一命令运行过程中如果输入一个普通命令，那么系统将会自动终止前一个命令；而运行过程中如果插入透明命令，则前一个命令将会暂停运行而执行透明命令，并且当运行完透明命令后前一个命令还会自动继续运行。

透明命令一般都是视图显示命令，如视图缩放、平移都属于透明命令，在执行某种绘图命令的过程中右击，可选择平移或缩放命令进行查看，按 Esc 键即退出查看命令，而系统继续执行该绘图命令。并不是所有的命令在运行中都可以执行透明命令，在框选对象、创建某一对象、重生成图形或者结束本次操作等情况下，透明命令是无法执行的。只有在不选择对象、不创建对象、不导致重生成及结束绘图任务的过程中可以执行透明命令。

（2）坐标系统与数据的输入

AutoCAD 主要用于绘制二维图像，其坐标系统用 XY 表示，X 表示横向坐标，Y 表示纵向坐标。在 AutoCAD 绘图区有图 2.39 所示的标识表示 AutoCAD 坐标原点的位置。当光标在绘图区移动时，AutoCAD 左下角信息栏会显示当前光标的坐标，如果绘图区是通过输入坐标的形式来确定点时，可以直接在命令行输入坐标。比如（567，−342）表示 x 轴正向 567 个单位，y 轴负向 342 个单位的点的位置。

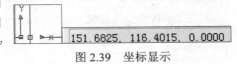

图 2.39　坐标显示

（3）点与距离值的输入

由于园林场地的多样性和差异性，在绘图的过程中不可能总是以 AutoCAD 的坐标原点作为参照坐标而进行绘制。为了快速绘图的需要，AutoCAD 提供了相对坐标绘图参照的方法，当已知两点之间的距离关系时，就可以先标识两点中的一点，然后通过输入相对坐标，得出另一个点的相对位置，确定两点之间的关系。

园林工程项目因为设计内容较广，可分为园林景观设计和园林规划设计两类。常用园林景观设计的工程多为面积较小的城市公园、庭院、街道等，要求的精确性较高，制图一般精确到毫米，这也是 AutoCAD 界面的默认单位，其输入格式为"xxx，yyy"，相对坐标在命令行中的输入格式为"@xxx，yyy"。

5．图形文件的管理

在 AutoCAD 中，除了绘制过程以外，还需要对图形文件进行管理。图形文件的管理包括新建一个图形文件、打开一个已有图形文件、适时保存图形文件、赋名与存盘等。这几项操作将在下一章进行介绍。

第 3 章

文件基本操作

3.1 新 建 文 件

新建文件有以下 4 种方式。

选择"文件"→"新建"命令，如图 3.1 所示；单击"新建"按钮；输入命令 new；或者输入命令组合键"Ctrl+N"。都会弹出如图 3.2 所示的对话框。

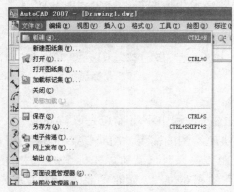

图 3.1 "文件"→"新建"命令　　　　　图 3.2 "选择样板"对话框

单击"打开"按钮右侧的下拉按钮，在弹出的下拉菜单中选择"无样板打开–公制"选项，就会新建一个文件，默认名称是 Drawing1。

3.2 文件打开及保存

1. 文件打开

打开一个已有文件也有 4 种方式。

选择"文件"→"打开"命令，如图 3.3 所示；单击"打开"按钮，如图 3.4 所示；输入命令 open；输入命令组合键 Ctrl+O。

图 3.3　"文件"→"打开"命令　　　　图 3.4　"打开"图标按钮

弹出图 3.5 所示的"选择文件"对话框，找到文件存储的路径，打开文件，进行编辑。

图 3.5　"选择文件"对话框

2. 文件保存

通常，在园林设计中，AutoCAD 的一张图纸不可能在短时间内完成，因此，在绘图的过程中需要随时保存所绘制的内容，以免出现意外丢失绘制内容的情况。这就要用到文件的适时保存功能，进行适时保存文件的操作有以下 4 种方式：

（1）选择"文件"→"保存"命令，如图 3.6 所示。

（2）单击工具栏中的"保存"按钮，如图 3.7 所示。

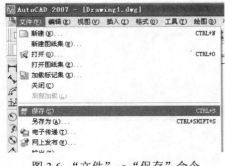

图 3.6　"文件"→"保存"命令　　　　图 3.7　文件保存图标

（3）输入命令 save。

（4）输入命令 Ctrl+S 组合键。

需要说明的是，如果所保存的文件是第一次进行保存，则系统会在执行"保存"命令时打开"图形另存为"对话框，如图 3.8 所示。

图 3.8 "图形另存为"对话框

3. 文件命名和存盘

前面刚刚讲到文件的适时保存，当文件进行第一次保存时，会打开"图形另存为"对话框。因为 AutoCAD 的各个版本之间存在高低版本不兼容的问题，通常高版本可以直接打开和阅读低版本格式的 AutoCAD 图形文件，而低版本却不能打开和阅读高版本的 AutoCAD 图形文件，所以在储存文件的时候需要对文件的存储类型进行设置，以便他人阅读。

（1）首先要选择文件保存于计算机的位置，单击"图形另存为"对话框中"保存于"下拉列表框的下拉按钮，根据需要选择要保存的位置，如图 3.9 所示。

图 3.9 选择文件保存的路径

（2）在"文件名"文本框中对绘制的图形进行命名。

（3）选择文件类型。单击"文件类型"下拉列表框的下拉按钮，这时会出现下拉菜单，选择不同版本的文件类型。

（4）设置完成后单击"保存"按钮，文件即被保存。

4．视图控制

视图控制主要用于查看图形，快速调整视图状态。包括缩放视图、平移视图和窗口视图调整。

（1）视图缩放

图纸常常以实际尺寸绘制，这样在计算机屏幕上就很难一次显示全部图形，有时候绘图过程中或是绘图完成后需要查看全图效果，就可以运用视图控制，缩小图形显示来实现。同理，对于缩小的图纸如果要清晰地显示其局部效果，也可以采用放大图形显示的方法来实现。

1）选择"视图"→"缩放"命令，进入子菜单，选择所需缩放方式。

2）单击工具栏中的 按钮。

3）在绘图区右击，在弹出的快捷菜单中选择"缩放"命令。

执行"缩放"命令后，十字光标将变成一个放大镜形式，可以拖动进行放大或缩小显示，向上拖动图形放大显示。查看完成后，按 Esc 键或 Enter 键结束命令，退出缩放。

（2）视图平移

视图平移可以使 AutoCAD 更加快速地查看图形文件的细部和局部。在操作命令时有以下 4 种方法。

1）选择"视图"→"平移"命令，进入子菜单，选择所需的平移方式，如图3.10 所示。

2）单击工具栏中的 按钮。

3）在绘图区右击，在弹出的快捷菜单中选择"平移"命令。

4）在命令行中输入命令 zoom，按 Enter 键。

执行"平移"命令后，十字光标将变成一个手掌形式，可以拖动调整视图位置。或者直接按住鼠标滑轮，也会变成手掌形式，直接调整视图位置。

（3）视图重生成

在绘图的过程中可能会出现打开的文件图像显示棱角粗糙的现象。比如圆形或弧形边显示出折边不圆滑，这时候可用到视图重生成功能进行图像显示调整，操作命令可以通过以下两种方法来实现。

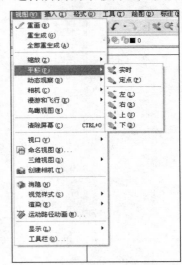

图 3.10　"视图"→"平移"命令

图 3.11 "视图"→"重生成"命令

（2）选择"文件"→"退出"命令。

1）选择"视图"→"重生成"命令，如图 3.11 所示。

2）在命令行中输入命令 RE。

5. 退出 AutoCAD

绘图结束时，要关闭 AutoCAD 退出程序。这时候可以通过以下两种形式结束绘图。

（1）关闭窗口，直接单击 AutoCAD 标题栏右上角的⊠按钮。

第 4 章

绘图环境设置

本章主要介绍 AutoCAD 中绘图环境的设置与编辑方法，它是 AutoCAD 基本绘图过程中和过程后必不可少的操作步骤，包括图层的建立与编辑方法介绍、图层工具的使用方式讲述。读者应了解绘图环境操作法所针对的图形及环境特征，并学会针对性的使用相应工具，同时学会图形后期处理的相应方法及方案修改编辑的基本操作。

4.1　图　层　设　置

在 AutoCAD 中熟练使用图层使绘图的编辑修改非常方便。因为园林制图需要的素材很复杂，单纯地在一个图层上进行各种元素线条的表现容易带来编辑与修改的麻烦。通常，在绘图前进行图层的建立与设置，根据绘图对象属性来进行图层的设置。下面介绍建立新图层的方法。

学会建立新图层，可以建立不同线型、颜色、粗细的绘图线效果。有利于很好地掌握园林各要素的绘图技巧，养成良好的绘图习惯，同时，又能为图纸的再次修改提供方便。通过以下 3 种方法可以打开"图层特性管理器"对话框，进入图层属性编辑。

（1）选择"格式"→"图层"命令。

（2）命令行中输入命令 Layer（LA）。

（3）直接单击"图层特性管理器"按钮，如图 4.1 所示。

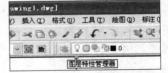

图 4.1　"图层特性管理器"按钮

【例 4.1】建立图层。

操作步骤如下。

（1）选择"格式"→"图层"命令，打开"图层特性管理器"对话框，如图 4.2 所示。

（2）点击对话框第一排左起第四个图标 "新建图层"，或者使用组合命令"Alt+N"，就会新建图层，如图 4.3 所示。默认图层名为"图层 1"，可以将"图层 1"重命名，如"道路"。选择"颜色"和"线型""线宽"。

图 4.2 "图层特性管理器"对话框

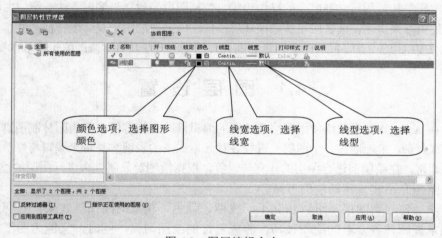

图 4.3 图层编辑命令

AutoCAD 中，通常默认新建图层的名字为"图层 1"，在实际绘图过程中应根据实际绘制内容自定名称，如"道路""建筑""植物"等。图层的名字应尽量清楚和统一，以方便绘制和编辑修改。

4.2 辅助绘图工具

辅助绘图工具位于 AutoCAD 面板的最下方，即操作界面中的图形工具按钮，辅助绘图工具通常在绘图过程中用以显示视图或控制绘制方向、坐标等，主要包括"捕捉""栅格""正交""极轴追踪""动态坐标""线宽""模型"等。操作过程中通过单击这些按钮来打开或关闭它们，如对"对象捕捉"进行操作，图标 极轴 对象捕捉 对象追踪 说明为打开状态，图标 极轴 对象捕捉 对象追踪 说明是关闭状态。

1. "栅格"和"捕捉"

在 AutoCAD 中如果要实现精确绘图，对原有地形等进行定位需要用到"栅格"

和"捕捉"。绘图过程中可以根据原图的实际情况来进行"栅格"和"捕捉"设计。

（1）单击"捕捉"或者"栅格"按钮，可以打开或关闭"捕捉"或"栅格"。

（2）也可以在按钮上右击，在弹出的快捷菜单中选择"启用极轴捕捉"或"启用栅格捕捉"命令。

（3）在按钮上右击，在弹出的快捷菜单中选择"设置"命令，打开"草图设置"对话框，进行设置，如图 4.4 所示。

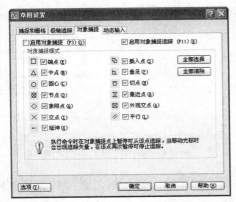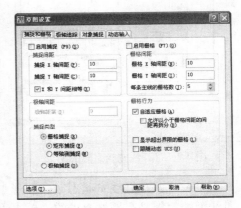

图 4.4　"草图设置"对话框

（4）根据提示进行"捕捉"和"栅格"设置。

2. "正交"与"极轴追踪"

"正交"运用于建筑、花坛等有垂直角度轮廓的构图中，能够控制绘图线水平和垂直偏移。在使用中可以使用两种方法来控制正交命令的 ON/OFF 状态，即直接单击 AutoCAD 面板下方的"正交"按钮或者按 F8 键。"极轴追踪"用于极轴控制轴线的图纸中。在 AutoCAD 面板中"极轴"按钮上右击，在弹出的快捷菜单中选择"设置"命令，如图 4.5 所示。打开"草图设置"对话框，打开"极轴追踪"选项卡，如图 4.6 所示，可以进行极轴角设置。

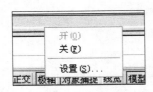

图 4.5　正交和极轴　　　　　　　图 4.6　"极轴追踪"选项卡

3. 线宽按钮

单击"线宽"按钮，打开线宽的状态，如图 4.7 所示。关闭线宽状态时的图形如图 4.8 所示。

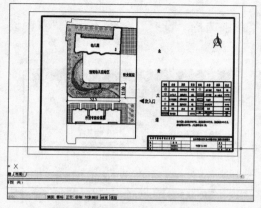

图 4.7　打开线宽状态时的图形

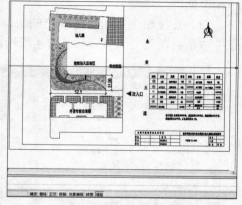

图 4.8　关闭线宽状态时的图形

不难发现，打开线宽状态时，图形中线条的粗细一目了然，在园林工程制图中对线型的粗细是有严格要求的，单击"线宽"按钮，十分方便图形的编辑。

4. "选项"对话框

"选项"对话框是针对 AutoCAD 绘图窗口的显示情况进行属性设置，包括"文件""显示""打开和保存""打印和发布""系统""用户系统配置""草图""三维建模""选择""配置"选项卡，如图 4.9 所示。

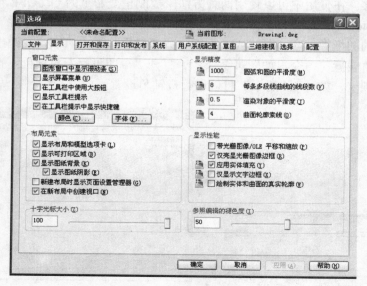

图 4.9　"选项"对话框

选择"工具"→"选项"命令，打开"选项"对话框。

（1）"文件"选项卡

如图 4.10 所示，"文件"选项卡是对文件的存储、类型、样式、视图等属性进行设置，设置内容包括"支持文件搜索路径""工作支持文件搜索路径""设备驱动程序文件搜索路径""工程文件搜索路径""自定义文件""帮助和其他文件名""文本编辑器、词典和字体文件名""打印文件、后台打印程序和前导部分名称""打印机支持文件路径""自动保存文件位置""配色系统位置""数据源位置""样板位置""工具选项板文件位置""编写选项板文件设置"等选项设置。每个选项左侧都有图标可提供下拉选项。以"支持文件搜索路径"为例：单击"支持文件搜索路径"左侧的图标，图标变为"—"形式，出现子菜单目录。

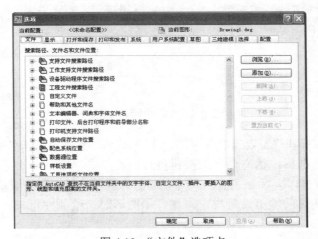

图 4.10 "文件"选项卡

（2）"显示"选项卡

如图 4.11 所示，"显示"选项卡是针对 AutoCAD 绘图窗口的显示情况进行属性设置。包括"窗口元素"设置、"布局元素"设置、"显示精度"设置、"显示性能"设置、"十字光标大小"设置、"参照编辑的退色度"设置。

"窗口元素"控制绘图环境特有的显示设置，包括图形窗口中显示的滚动条、显示图形状态栏、显示屏幕菜单及对工具栏功能显示的设置，以及对窗口颜色、字体显示的设置。

"显示"选项卡中可以单击"颜色"按钮，变换绘图环境中的颜色，还可以通过滑块调整十字光标的大小。在"显示精度"选项区域中，可以通过改变"圆弧和圆的平滑度""每条多段线曲线的线段数""渲染对象的平滑度"改变图形的光滑程度。

"布局元素"控制现有布局和新布局的选项，布局是一个图纸空间环境，用户可以在其中设置图形进行打印。该选项区域中的各选项介绍如下。

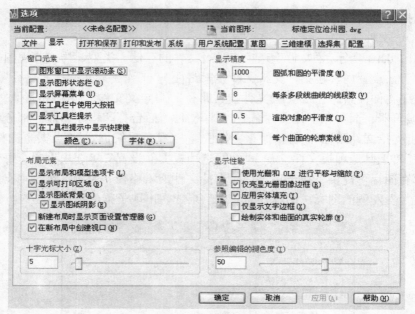

图 4.11 "显示"选项卡

1）"显示布局和模型选项卡"：在绘图区域的底部显示布局和"模型"选项卡，取消选中该复选框后，状态栏上的按钮将替换这些选项卡。

2）"显示可打印区域"：显示布局中的可打印区域，可打印区域是指虚线内的区域，其大小由所选的输出设备决定，在打印图形时，绘制在可打印区域外的对象将被剪裁或忽略。

3）"显示图纸背景"：显示布局中指定的图纸尺寸的表示。图纸尺寸和打印比例确定图纸背景的尺寸。

4）"显示图纸阴影"：在布局中的图纸背景周围显示阴影，如果未选中"显示图纸背景"复选框，则该选项不可用。

5）"新建布局时显示页面设置管理器"：第一次单击布局选项卡时显示页面设置管理器。可以使用此对话框设置与图纸和打印设置相关的选项。

6）"在新布局中创建视口"：在创建新布局时自动创建单个视口。

"参照编辑的退色度"控制指定在位编辑参照的过程中对象的褪色度值。通过在位编辑参照，可以编辑当前图形中的块参照或外部参照。当在位编辑参照时，未被编辑的对象的显示强度低于可以编辑的对象的显示强度，有效值的范围为 0%～90%，默认设置是 50%。

单击"颜色"按钮，打开"图形窗口颜色"对话框，对绘图的窗口背景色进行设置，如图 4.12 所示。图形窗口颜色可以分别对 AutoCAD 中的多种背景模式进行元素颜色设置，用户可以根据需要进行相应设置。

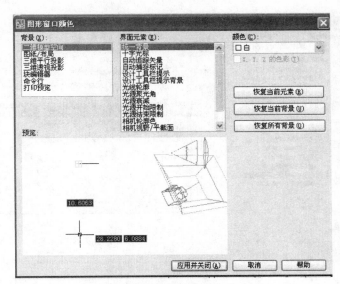

图 4.12　"图形窗口颜色"对话框

如图 4.12 所示的对话框中各项元素的解释如下。

1)"背景"：指对 AutoCAD 中各项执行命令界面状态下的显示选择。包括"二维模型空间""图纸/布局""三维平行投影""三维透视投影""块编辑器""打印预览"等。

2)"界面元素"：指对已选择界面中的各种元素可进行颜色设置，包括"统一背景""十字光标""自动追踪矢量""自动捕捉标记""设计工具栏提示""设计工具栏提示背景""光线轮廓""光源聚光角""光源开始限制""光源结束限制""相机轮廓色""相机视野/平截面""相机剪裁平面""光域网""光域网（缺少文件）""光源形状（扩展源）""以勒克斯为单位的距离"等项目。

3)"颜色"：指颜色选择。可通过单击下拉按钮在下拉菜单中进行合适的颜色选择，颜色下方有"恢复当前元素""恢复当前背景"和"恢复所有背景"按钮，用于设置的恢复。

对于"二维模型选项"和"图纸/布局"空间需要说明的是 AutoCAD 绘图窗口中的显示有两种布局形式，即"模型选项"和"布局选项"，前者绘图窗口可以无限放大，这样便于绘图中清晰地查看图形图案，后者可以进行布局设置，显示边界和图面，多在 AutoCAD 绘图完成后查看图纸形态时用到。此外，"窗口元素"中还包括"字体"设置选项，针对命令行输入命令的字体显示进行设置，单击"字体"按钮，弹出"命令行窗口字体"对话框，如图 4.13 所示。进行相应设置后，单击"应用并关闭"按钮确定或单击"取消"按钮，回到"显示"选项卡下。

1)"字体"：指示命令行显示字体形式，AutoCAD 中有 30 多种字体可供选择。

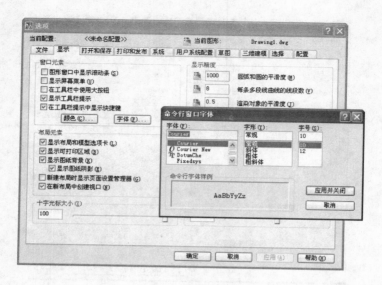

图 4.13 "命令行窗口字体"对话框

　　2)"字形":指字体显示形式,有常规、斜体、粗体、粗斜体等,根据不同的字体有相应的选项。

　　3)"字号":指命令行字体的大小,可根据字号行中数据大小来调节大小。

　　4)"命令行字体样例":用于显示命令行字体的预览形式。

　　(3)"打开和保存"选项卡

　　"打开和保存"选项卡用于设置文件打开和保存形式,如图 4.14 所示。

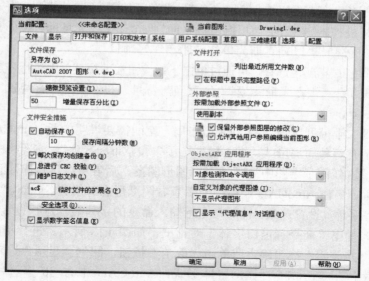

图 4.14 "打开和保存"选项卡

1）"文件保存"设置。前面章节已经讲过如何修改 AutoCAD 文件保存的版本信息，下面介绍另一种修改保存属性的方法。单击"另存为"下拉列表框的下拉按钮，出现如图 4.15 所示的下拉菜单，这时候可以选择较通常的版本，如目前较多的 2004 版本，或者选择较低版本便于其他读者阅读。"文件保存"指对文件保存的相关选项进行设置，其各项设置解释如下。

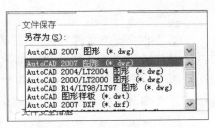

图 4.15　选择文件的版本样式

①"另存为"：可选择另存文件的版本样式。

②"保持注释性对象的视觉逼真度"：指保持对注释性图形对象的逼真度设置。

③"缩微预览设置"：针对图形和图纸视图的微缩状态进行设置，如图 4.16 所示。

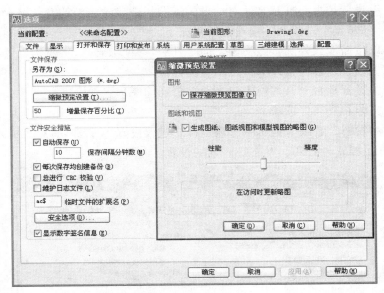

图 4.16　"缩微预览设置"对话框

④"增量保存百分比"：指针对原图形的增量保存值。

2）"文件安全措施"设置。该项区域中提供了一些安全措施，用户可以通过其中的设置来保证绘图文件的安全性能，各项设置解释如下。

①"自动保存"：可以由用户自主设定一个时间，即使用户因为疏忽或者突然断电没有存盘，都可以从 AutoCAD 的适时保存中将较近绘制的图形调用出来，从而节省重新绘图的时间。

②"每次保存均创建备份"：指定绘图过程中用户每次及时保存都创建或不创建备份文件。

③ "总进行 CRC 校验"：指定是否每次保存都进行 CRC 校验。

④ "维护日志文件"：设定是否自动修护日志文件，通常绘图中用户都会养成自动保存的习惯，这样既便于多次绘图的使用，也可以为 AutoCAD 节省系统空间。所以，熟练的用户不会选中"维护日志文件"复选框。

⑤ "临时文件的扩展名"：为临时文件设定扩展名形式。

⑥ "安全选项"按钮是设定 AutoCAD 图形文件的打开安全属性的工具。单击此按钮，打开"安全选项"对话框。通过给 AutoCAD 图形文件设置密码的方式，可以防止他人任意打开文件。具体操作可根据指示进行，操作完成，单击"确定"按钮。

3）"文件打开"设置。主要设置文件打开时的各项设置，其中各项设置解释如下。

① 默认文件打开路径的位置可以通过设置"列出最近所用文件数"来界定。

② 可以设置是否在打开文件对话框的标题栏中显示完整的文件路径名。

4）"外部参照"设置。各项设置解释如下。

① 可以按需加载外部参照文件，如"开启""使用副本""禁用"等。

② 可以设置是否保留外部参照图层的修改。

③ 可以设置是否允许其他用户参照编辑当前图形。

（4）"打印和发布"选项卡

"打印和发布"选项卡是对图形输出样式进行设置，如图 4.17 所示。包括图形文件的输出样式、打印、发布等内容的设置。

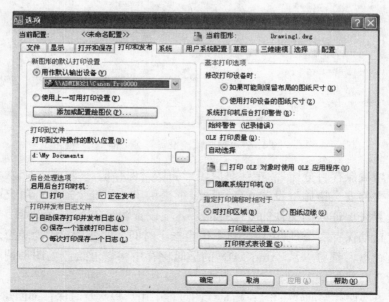

图 4.17　"打印和发布"选项卡

1）"新图形的默认打印设置"设置。通过对其中各项进行设置确定 AutoCAD 的默认打印格式，各项设置解释如下。

① "用作默认输出的设备"：通过单击下拉按钮来选择输入运用的打印机设备。

② "使用上一可用打印设置"：AutoCAD 系统自带有多种打印设备，可通过单击"添加或配置绘图仪"按钮添加，该内容将在图纸输出的章节详细阐述。

2）"打印到文件"设置。可以设定电子打印文件打印保存的路径。在"打印到文件操作的默认位置"文本框中进行设置，AutoCAD 系统默认是"C:\Documents and Settings\管理员文档\My Documents……"，如果要修改打印位置，可以单击文本框后面的"浏览"按钮进行位置设定。

3）"后台处理选项"设置。可以设定何时启用后台打印，可以在打印时启用，也可以在发布时同时启用后台打印。

4）"打印并发布日志文件"设置。可以选择是否自动保存打印并发布日志，如果选择，则有两种日志设置方式，即"保存一个连续打印日志"和"每次打印保存一个日志"。

5）自动发布设置，设置文件发布时的可用选项。可以选择是否采用"自动 DWF 发布"并对 DWF 发布进一步进行设置，具体设置根据对话框提示进行选择。

6）"基本打印选项"设置。设置打印的一般样式，其各项设置解释如下。

① 修改打印设备时可选中"如果可能则保留布局的图纸尺寸"单选按钮，根据原来绘图窗口的形式打印或者选中"使用打印设备的图纸尺寸"单选按钮，即打印设备自动默认的尺寸。

② 当系统打印机打印时出现错误后，系统警告方式有："始终警告（记录错误）""仅在第一次警告""记录第一个错误时不警告""不警告也不记录错误"。

③ 设定"OLE 打印质量"时，可选择"文字（如文字文档）""线条图（如电子表格）"选项。

④ 还可以选择打印 OLE 对象时是否使用 OLE 应用程序。

7）"指定打印偏移时相对于"设置。是对"可打印区域"和"图纸边缘"进行设置选择。

此外，打印设置还包括"打印戳记设置"按钮和"打印样式表设置"按钮，可通过单击各自的按钮打开对话框，进入进一步设置中。设置完成后单击"应用"按钮，或单击"取消"按钮返回"打印和发布"选项卡。

（5）"系统"选项卡

"系统"选项卡可以设置 AutoCAD 绘图的系统状态的相关内容，如图 4.18 所示。包括三维性能、当前定点设备、布局重生成选项、数据库连接选项、基本选项、Live Enabler 选项等内容，也是为提高和改善 AutoCAD 性能而设置的。

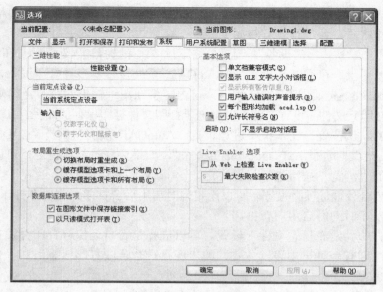

图 4.18 "系统"选项卡

图 4.19 "自适应降级和性能
调节"对话框

1)"三维性能"设置。是对当前三维图形的显示设置，通过单击"性能设置"按钮进入"自适应降级和性能调节"对话框进行详细设置，如图 4.19 所示。

2)"当前定点设备"设置。可在下拉列表框中选择"当前系统定点设备"选项。

3)"布局重生成选项"设置。设置内容包括"切换布局时重生成""缓存模型选项卡和上一个布局""缓存模型选项卡和所有布局"。

4)"数据库连接选项"设置。包括"在图形文件中保存链接索引"和"以只读模式打开表格"复选框。

5)"基本选项"设置。针对系统中的基本特性内容进行设置，包括"单文档兼容模式""显示 OLE 文字大小对话框""显示所有的警告信息""用户输入内容错误时声音提示""每个图形均加载 acad.lsp""允许长符号名"。

6)"Live Enabler 选项"设置。是指系统适时激活设置选项。

（6）"用户系统配置"选项卡

"用户系统配置"选项卡是针对计算机运用的配置配置，如鼠标按键、显示配置等。包括"Windows 标准""插入比例""字段""超链接"等，如图 4.20 所示。

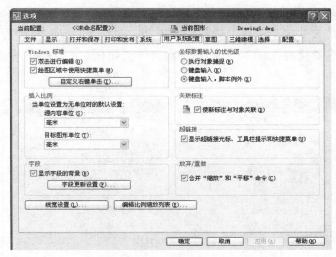

图 4.20　"用户系统设置"选项卡

1）"Windows 标准"设置。控制单击和右击操作，可进行 Windows 系统的相关设定，如"双击进行编辑""绘图区域中使用快捷菜单"等。其中，单击自定义右键单击按钮还能进行鼠标的右键操作设置。

2）"插入比例"设置。指绘图中鼠标每次拖放的比例单位，根据源内容可设定源内容单位和目标图形单位。

①"源内容单位"：如果未使用系统变量指定插入单位，则设置用于插入当前图形的对象的单位。

②"目标图形单位"：如果未使用系统变量指定插入单位，则设置当前图形中使用的单位。

3）"字段"设置。设置与字段相关的系统配置。不仅可以设置是否显示字段的背景，也可以对字段进行更新设置，单击"字段更新设置"按钮进入"字段更新设置"对话框。

4）"坐标数据输入的优先级"设置。控制程序响应坐标数据输入的方式。可选择"执行对象捕捉""键盘输入""键盘输入，脚本例外"选项。

5）"关联标注"设置。控制是创建关联标注对象还是创建传统的非关联标注对象。

6）"超链接"设置。控制与超链接的显示特性相关的设置。

7）"放弃/重做"设置。控制"缩放"和"平移"命令的"放弃"和"重做"。

8）"线宽设置"按钮。打开"线宽设置"对话框，使用此对话框可以设置线宽选项（例如显示特性和默认选项），还可以设置当前线宽。

9）"编辑比例缩放列表"按钮。打开"编辑比例缩放列表"对话框，使用此对话框可以管理与布局视口和打印相关联的几个对话框中所显示的比例缩放列表。

（7）"草图"选项卡

"草图"选项卡运用于鼠标捕捉方式设计，包括"自动捕捉设置""自动捕捉标记大小""对象捕捉选项""自动追踪设置"、"靶框大小"等的设置，如图 4.21 所示。

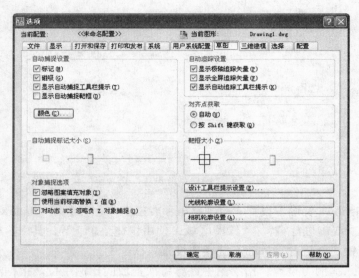

图 4.21   "草图"选项卡

1）"自动捕捉设置"。单击"颜色"按钮，打开"图形窗口颜色"对话框，在二维平面中选定"自动捕捉标记"选项，然后单击"颜色"下拉按钮，选择合适的颜色即可实现光标捕捉标记颜色的更改。

2）"自动捕捉标记大小"设置。在草图设计中还可以设置自动捕捉标记的大小，拖动"自动捕捉标记大小"栏下的拖动按钮左右拉动，左侧中显示的标记框也随之更改大小。

3）"靶框大小"设置。草图设计中可根据个人绘图习惯适当调整靶框大小。一般来说，当绘制的园林图纸布局较为紧凑，内容较多时，适合用较小的靶框进行捕捉，以免捕捉不相关的图形元素；反之，如果地块较大，布局较开阔，则可用较大的靶框进行捕捉，从而提高绘图效率。

4）"设计工具栏提示设置"按钮。AutoCAD"选项"对话框中还提供了工具栏提示外观设置选项。单击"设计工具栏提示设置"按钮，打开"工具栏提示外观"对话框。根据对话框中相应的提示可以调节模型与布局颜色、字体显示大小、透明度等。因为园林制图中较少涉及这些，在此不再赘述。

（8）"选择"选项卡

"选择"选项卡主要针对绘图编辑过程中鼠标选择样式等进行调整，如图 4.22 所示。下面以一个局部的园林环境为例进行讲解。

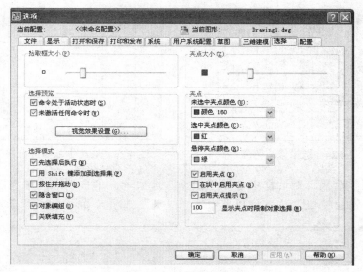

图 4.22 "选择"选项卡

【例 4.2】对鼠标选择样式进行调整，操作步骤如下：

（1）打开一张图纸，如图 4.23 所示。

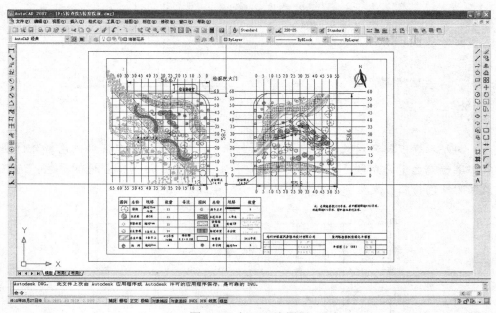

图 4.23　打开一张图纸

（2）选中修改范围进行修改编辑，因为图形周边底色与鼠标选择夹点两种颜色相近，影响图纸显示，需要对"鼠标选择"进行设置，如图 4.24 和图 4.25 所示。

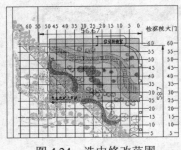

图 4.24　选中修改范围

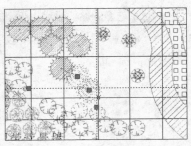

图 4.25　对选中范围进行修改

（3）在"选项"对话框中打开"选择"选项卡，单击"未选中夹点颜色"下拉列表框的下拉按钮，从下拉列表中选择"蓝"选项，如图 4.26 所示。

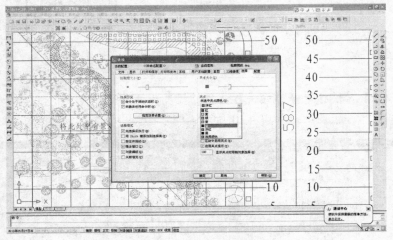

图 4.26　未选中夹点变为蓝色

（4）未选中的夹点颜色变为蓝色，同样，也可以对"选中夹点颜色"进行修改，单击"选中夹点颜色"下拉列表框的下拉按钮，然后选择合适的颜色，选中夹点的颜色将相应发生变化，如图 4.27 和图 4.28 所示。

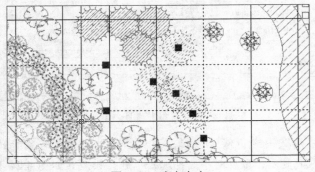

图 4.27　选中夹点

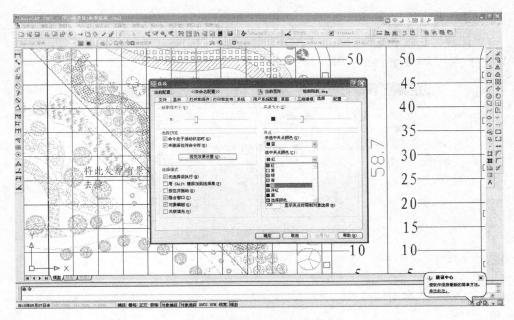

图 4.28　对选中的夹点颜色进行设置

绘图过程中还可以调节拾取框或捕捉夹点的大小，拖动"拾取框大小"选项区域中的滑块，即可调整拾取框的大小，同样方法也可以调整右侧的夹点大小，如图 4.29 所示。

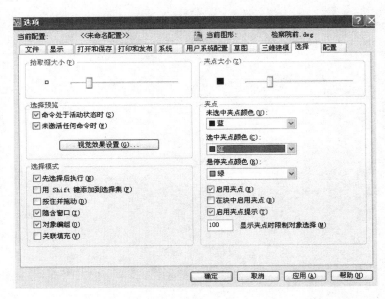

图 4.29　调整拾取框和夹点大小

（9）"配置"选项卡

"配置"选项卡是针对 AutoCAD 绘图系统添加的某些辅助工具或文件，也可以用于输入 ARG 文件形式等，如图 4.30 所示。

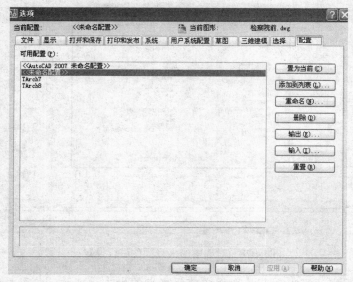

图 4.30 "配置"选项卡

第 5 章

图层的建立和编辑

在绘制园林工程图纸时，正确地应用图层可以提高工作效率，使图纸格式准确，版面整洁。所以本书单独用一章的篇幅来介绍图层的应用。

5.1　图层的建立

图层和 Phoshop 中图层的概念类似，就像一层层透明的纸一样叠加起来，形成完整的图纸。如图 5.1 所示。

选择格式下拉菜单中的图层选项，弹出如图 5.2 所示的对话框。

图 5.1　图层图标

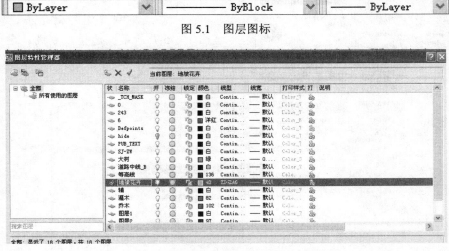

图 5.2　"图形特性管理器"对话框

【例 5.1】图层的建立。

（1）新建一个新文件，打开图形特性管理器。

（2）单击"新建图层"的图标，会新建一个新图层，如图 5.3 所示。

新建了一个图层默认名称为"图层 1"，可以自己重命名，如"建筑"，如图 5.4 所示。

图 5.3　新建图层

图 5.4　重命名图层

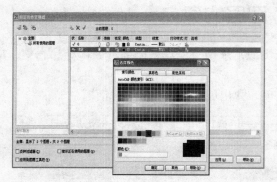

图 5.5　为图层设定颜色

（3）单击"颜色"图标，为图层设定一个颜色，如图 5.5 所示。

（4）单击"线型"图标，弹出"选择线型"对话框，为图层选定一种线型，如图 5.6 所示。再单击"加载"按钮，出现"加载或重载线型"对话框，如图 5.7 所示。选择点划线、虚线等内容，选择一种线型后单击"确定"按钮。

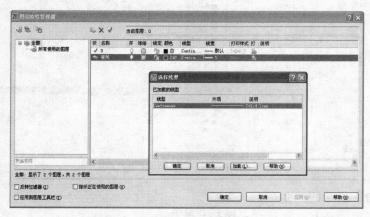

图 5.6　"选择线型"对话框

（5）选择好线型后，再单击"线宽"图标，出现"线宽"对话框，如图 5.8 所示，选择一个合适的线宽。

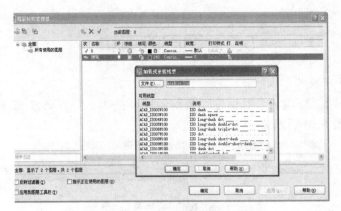

图 5.7　"加载或重载线型"对话框

图 5.8　"线宽"对话框

　　图层名称、线型、线宽选择好后，单击图层的"确定"按钮，一个图层就建立好了。如果需要建立多个图层，则接着单击"新建图层"按钮，最后单击"确定"按钮。这样一个个图层就建成了。

　　在当前图层画直线，线型为虚线，线宽 0.9，颜色为红色，如图 5.9 所示。

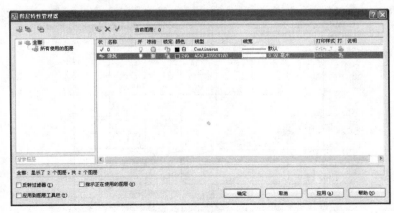

图 5.9　当前图层

5.2   图层的编辑

1. 图层关闭操作

单击按钮，出现一个对话框"当前图层被关闭。是否要使当前图层保持打开状态"，如图 5.10 所示。

图 5.10   关闭图层

单击"否"按钮整个图层关闭。如果想将图层打开，再单击该图标，图层就会打开。此操作适合在图面中将不必要的线条隐藏，需要时直接调出即可。

2. 图层锁定操作

此项操作适用于带有底图的规划设计，可将底图置于一个图层之中，然后锁定。任何命令对这个图层的线都不会起作用。

【例 5.2】 图层的编辑实例。

（1）打开一个图形文件，如图 5.11 所示，该图现场较复杂，将原地形保留以方便施工放线，但是在编辑图纸的过程中容易将现误操作，将图层锁定，就会避免这种现象。

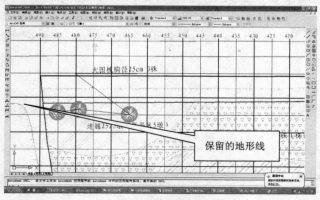

图 5.11   打开一个图形文件

（2）将所有的地形线编辑在一个图层中，图层命名为"底"，线型为"实线"，颜色为"253"，线宽为 0.30，如图 5.12 所示。

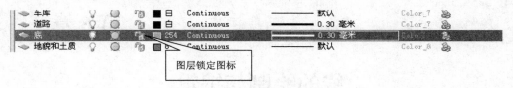

图层锁定图标

图 5.12　"底"图层编辑

单击图层锁定图标，变成锁定状态。

（3）图层锁定后，再单击图层上的线就会出现以下状态：线型边出现"锁定"图标，线型不能再进行编辑，如图 5.13 所示。

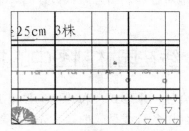

图 5.13　线型不能进行编辑

第 6 章

线的绘制与编辑

了解了 AutoCAD 的基本操作和绘图环境之后，自本章开始将结合园林绘图的基本知识以及技巧逐一地对各种制图方式进行介绍。本章的主要内容是线的编辑和修改。

6.1 线在园林制图中的特点

园林空间属于一种复合的艺术形式，和其他工程施工图不同的是要讲究艺术审美的要求，因此在学习使用各种线型之前，首先要了解在园林制图中各种园林要素的线型审美要求，便于选择合适的线型来制图。

1. 园林建筑与小品

园林建筑从构成和形态上与居住或功用建筑有很大区别，园林建筑是作为环境中的画龙点睛之笔，因此，其形态上更加强调飘逸，在形式上又分为传统形式和现代形式。传统形式中又分成岭南派、徽派、江南派及皇家园林等风格。

2. 园林地形表达

自然地形有专门的表现形态，园林中起伏较大的地形也需要通过等高线的绘制。但是园林环境中不强调大兴土木的建设活动，因此，更多的变化的微地形形态，以环园林场地的边缘分布为主，表现传统的依山而居形态，园林中地形变化要求起伏有致，有开有合，为园林游赏空间提供丰富多变的视觉展示形态。

3. 园林水体

园林中水面的形态多以曲折流畅的驳岸出现，在现代环境设计中，规则式的水面也常被应用。曲线的水岸线要求隐现结合，因此，驳岸边被山石、树荫掩盖，而规则式水面在表现时则更多地突出规则的水源形态，所以以不做分割和遮掩为宜。

4. 园林总体空间形态的平面表现

园林的平面表现需要通过各种线型的衔接与拼合来形成可供遮阴的围合树木，充满空间的草地界限，还有装点的鲜花花坛边缘等，点缀在园林空间中供人休息的建筑小品还有水面空间等，也是由线条进行勾勒轮廓，线条还有助于刻画清晰的道路系统，这些都是形成较完整的园林空间所不可缺少的。而在园林制图中是大量的曲线的应用，才能使得整个图纸表现具有美感。

以下就为读者介绍各种线的绘制与编辑。

6.2 直　　线

直线是园林设计中基本的工具形态，可以表现园林墙体、道路及园林中许多短线图案等。直线具有编辑和修改方便的功能，持续输入点可以创建一系列连续的线段，每条线段均为独立的图形对象，可以单独编辑而不影响其他的线段，也可以结合其他工具的绘图组织形成多种图案。

1. 直线命令的使用

直线命令可以通过以下 3 种方法实现。

（1）选择"绘图"→"直线"命令。

（2）在工具栏中单击 ✐ 按钮。

（3）在命令行中输入命令 LINE 或直接输入 L，然后按回车键，如图 6.1 所示。

图 6.1　命令行中输入"直线"命令

2. 直线的绘制与编辑

下面通过实例介绍直线的绘制方法。

【例 6.1】绘制一条长 100 米的直线。

首先回忆一下前面章节所学内容，在 AutoCAD 的绘图环境中是以毫米为单位的，输入格式为"xxx，yyy"，坐标使用相对坐标。

首先输入直线命令，在这里选择的是使用快捷键的方式，在命令行中输入 L，用鼠标在绘图界面中输入一点，打开正交或直接按 F8 键，在命令行中输入 100，按回车键，这样一条 100 米长的线就绘制完成了，如图 6.2 和图 6.3 所示。

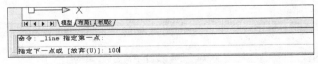

图 6.2　命令行中输入 100

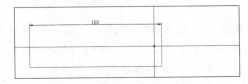

图 6.3　100 米长的线绘制完成

在这里作者所使用的单位是以米为单位，也就是有多少米就输入多少数。例如 50 cm 就要输入 0.5，10 米输入 10。有些书上是以毫米为单位，100 米就要换算成毫米输入 10 000，以什么为单位都可以，一定要保持比例正确。

【例 6.2】绘制连续直线，第一条直线长 50 米，第二条长 80 米，第三条长 120 米，第四条和第一条闭合。

（1）在命令行中输入 L 并按回车键，如图 6.4 所示。

（2）鼠标在绘图界面中任选一点，沿着直线的方向用鼠标拉开，在命令行中输入：50，按回车键，这样第一条直线就绘制成了，如图 6.5 所示。

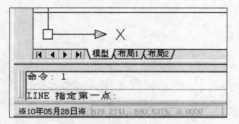

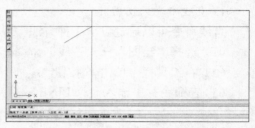

图 6.4　命令行中输入 L　　　　　　　图 6.5　第一条直线绘制完成

（3）再用鼠标沿着第二条直线的方向拉开，在命令行中输入 80，按回车键。这样第二条直线也绘制成功了，如图 6.6 所示。

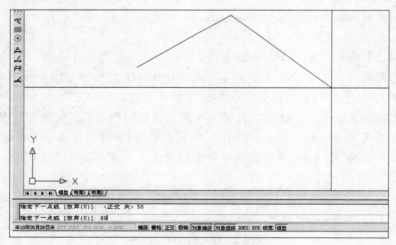

图 6.6　第二条直线绘制完成

（4）再用鼠标沿着第三条直线的方向拉开，在命令行中输入 120，按回车键，这样第三条直线也绘制成功了，最后和第一个点闭合，在命令行中输入 C，按回车键，这样一个闭合的不规则四边形就绘制成了。也就是一条连续的直线，如图 6.7 所示。

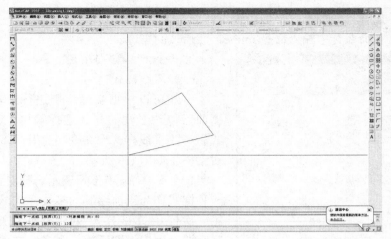

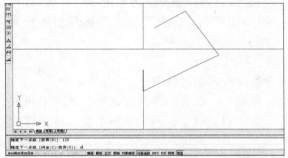

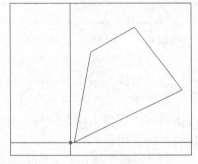

图 6.7 第三条和第四条直线绘制完成

连续直线如果修改，一次只能改其中一条线段，下文还会讲到多段线，注意这两种形式的区别。

6.3 多 线

1. 多线的基本操作

如图 6.8 所示，多线的绘图过程和直线一样，可以连续拖动和单击鼠标，形成双线的折线。所不同的是，多次编辑的直线段是可以分开编辑的，而多线是一个整体，不可以每条线段分开编辑。

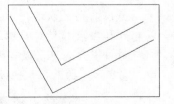

图 6.8 多线

多线更多是运用于建筑绘图中，在园林设计中，多线可以快速地绘制直的墙体、道路及多边形花坛、水池等，如果能充分运用和编辑，多线还可以辅助园林中其他建筑物的绘制。

2. 多线命令的使用

可以通过两种方法执行多线命令。

（1）选择"绘图"→"多段线"命令。

（2）在命令行中输入命令 mline，然后按回车键。

图 6.9　"多线样式"对话框

3. 多线的编辑与运用

（1）多线样式

多线可以根据实际运用进行编辑，在绘图前可以对多线的样式进行编辑，选择"格式"→"多线样式"命令，打开"多线样式"对话框，如图 6.9 所示。

1）"置为当前"按钮表示选择对话框中的一种样式作为当前绘制的多线样式。该按钮在第一次打开"多线样式"对话框时为灰色模式，只有通过用户设置新建一个多线样式后，对话框中出现两个或两个以上的选项后才变为可用。

2）"新建"按钮表示新建一个多线样式。

3）"修改"按钮表示可以选择对当前样式进行修改。

4）"重命名"按钮表示对当前对话框中所选择的多线样式进行重命名设置，该按钮与"置为当前"按钮一样，需要在对话框中有两个或两个以上样式选项的时候才能使用。

5）"删除"按钮表示对当前对话框中所选择的多线样式进行删除设置。同样，只有当对话框中出现两个或两个以上样式选项的时候才为可用状态。

多线样式是通过插入或新建的方式进行累积的，当第一次单击"加载"按钮时，对话框中的"继续"按钮会变为可选形式，单击此按钮，可以进行多线样式的设置。

【例 6.3】建立一个"墙"的多线样式。

在"新建多线样式"：对话框中进行设置。

（1）"封口"。是指对多线的两端是否封闭进行设置。

多线两端可以选择起点封口端点不封，也可以选择端点封口起点不封，也可以起点和端点都封口或都不封口，在制图时可根据绘图对象具体确定。

封口方式既可以以直线形式封口，也可以以弧线形式封口，形成圆弧边缘。选中"直线"后的两个复选框，设置"墙"多线样式为两端直线封闭，如图 6.10 所示。

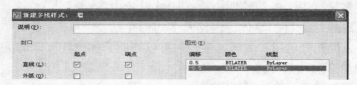

图 6.10　设置"墙"多线样式为两端直线封闭

（2）"图元"。指设定图形偏移方向，单击"添加"按钮，则会在多线中间添加一条中线，最后"墙"的多线样式变成图6.11所示对话框中的形式，这种多线形式很适合在坡屋顶住宅平面绘制中运用，不适合墙体绘制。

（3）"填充"。多线可以是实心的也可以是空心的，通过此项可以对多线的填充样式进行设定，单击"颜色填充"下拉列表框的下拉按钮，即可进行相应颜色的选择。这里选择不填充，填充颜色为"无"。

（4）"偏移"。设定多线两侧直线偏移位置。

（5）"颜色"。设定多线线条颜色，可通过下拉菜单选择，如图6.12所示。

图6.11　"图元"设置

图6.12　"颜色"设置

（6）"线型"。设定多线两侧直线的线型样式。单击"线型"按钮，打开"选择线型"对话框，如图6.13所示，单击"加载"按钮，打开"加载或重载线型"对话框，如图6.14所示，选择合适的线型，单击"确定"按钮，完成"墙"的多线样式的设置。单击"保存"按钮进行多线样式保存，将文件名称修改为"墙"，如图6.15所示，然后单击"保存"按钮，如图6.16和图6.17所示，结束多线样式设置。

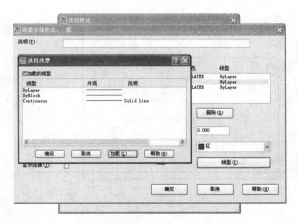
图6.13　"选择线型"对话框

图 6.14 "加载或重载线型"对话框

图 6.15 将文件名称修改为"墙"

图 6.16 单击"保存"按钮

图 6.17 "保存多线样式"对话框

打开多线样式，点击"墙"的样式。在命令行中输入"多线"命令，在界面中单击，出现如图 6.18 所示的线型。

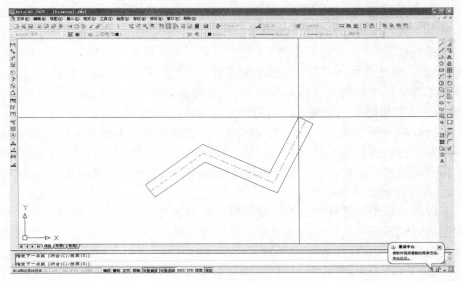

图 6.18 "墙"线型

6.4 多 段 线

在园林制图中，有很多图形是由直线、曲线组合而成的连续轮廓。由于直线、曲线都可以各自定义起点和终点，如果利用两种线型的组合不可能形成相对来说连续光滑的线，利用多义线就可以解决这一问题了。

1. 多段线命令的使用

多段线命令可以通过以下方式执行。

（1）选择"绘图"→"多段线"命令。

（2）在工具栏中单击 按钮。

（3）在命令行中输入命令 pline（PL），按回车键。

选择多段线命令，根据信息栏提示在屏幕上绘图区用鼠标单击指定一点（通常，如果不进行特殊设置，系统默认多段线首先绘制的是一条直线段），在拖动的过程中，信息栏会出现提示信息，可根据提示选择对绘制的图形进行控制，例如输入"W"进行线宽的设置，输入线宽值，则拖动直线时直接显示线的宽度；输入"L"或"A"继续绘制直线或者弧线，输入"L"则继续绘制直线，而输入"A"则输入的是弧线，这时的信息栏指令信息也发生改变。信息栏提示：角度（A）/圆心（E）/闭合（CL）/方向（D）/半宽（H）/直线（L）/半径（R）/第二个点（S）/放弃（U）/宽度（W）。

此时可单击，选择继续画弧线，指定弧线第二点；也可以选择输入"CL"完成绘制，形成封闭曲线；也可以对弧线进行方向、半宽、半径、圆心等的约束设置；如在命令行输入"R"即可直接设定弧线的半径值，从而确定绘制弧线的形状，输入"W"也可以设置弧线宽度。

信息栏提示："指定起点宽度"，空格键或回车键默认起点宽度设置（或者输入宽度值）；命令行输入"H"实行半宽设置；信息栏提示："指定起点半宽"，直接按回车键默认半宽值（或输入半宽值），此时信心栏提示"指定端点半宽"，输入 2000，按空格键或回车键，此时拖动的直线的末端变粗。

如此绘制一条直线后，下一次绘制的直线就变成端点半宽宽度的均匀直线，同样，宽度的设置与半宽设置执行一样，不同的是，半宽设置的是以直线的捕捉点中轴向两边偏移的宽度，而宽度设置是整条线的宽度值；长度设置与直线一致。

2. 多段线的编辑与应用

多段线可以绘制连续的直线，也可以绘制直线与弧线结合的线型，与前节所讲的连续直线不同的是，多段线绘制后是一个整体，而连续直线每一个直线段可以分别编辑。

【例 6.4】绘制由直线组成的多段线。

（1）启动命令，在命令行中输入"PL"，按回车键，如图 6.19 所示。

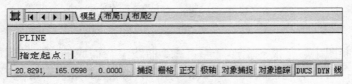

图 6.19　命令行中输入命令

（2）在绘图区单击，将光标沿着线段的方向拖动，输入数值"50"，按回车键，如图 6.20 所示。

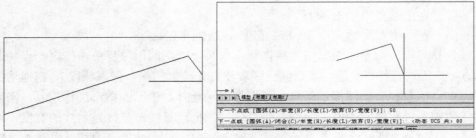

图 6.20　输入 50

（3）继续沿着线段方向拖动鼠标输入下一个数值"80"，按回车键。

（4）直到输入到最后一条直线与起点闭合，如图 6.21 所示，点击"CL"。

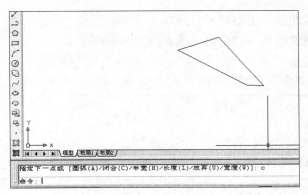

图 6.21　最后一条直线与起点闭合

【例 6.5】绘制一组由直线与弧线组成的多段线。

（1）在命令行中输入 "PL"，按回车键。

（2）在绘图区单击，将光标拉至斜上方单击，得出一条直线，如图 6.22 所示。

（3）在命令行中的提示信息中输入 "A"，拖动鼠标出现弧线，然后接着单击绘制多条弧线。

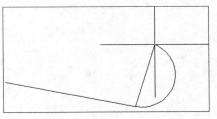

图 6.22　绘制直线

（4）在命令行中输入字母 "L"，绘制直线线型，利用 "捕捉" 与起点连接，形成封闭图形，右击，在快捷菜单中选择 "确认" 命令或直接按回车键结束图形的绘制。

多段线绘制的图形是一个整体，不能够分段编辑。

多段线绘制完成后，在制图运行中可能需要一定的改变。多段线不仅可以像直线一样通过调整端点进行图形形状改变，还可以通过编辑命令进行线性编辑，如图 6.23 所示的多段线，是绘制的一个小型水系的图形，但是还是不够顺滑，此时可以通过一个命令的执行，使多段线的各线段关联起来。

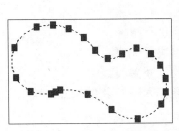
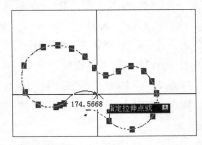

图 6.23　"水系" 轮廓线

　　自然式水体的轮廓调整轮廓时出现不顺滑的现象，可在命令行中输入"PE"，进行多段线的属性编辑，这时出现图 6.24 所示的提示信息。

```
输入选项
[打开(O)/合并(J)/宽度(W)/编辑顶点(E)/拟合(F)/样条曲线(S)/非曲线化(D)/线型生成(L)/放弃(U)]:
```

图 6.24　提示信息

　　命令行中输入"S"，将选定的多段线样条曲线化，则多绘制多段线立即成了一条样条曲线属性的闭合线，每个端点都可以自由调整位置，而图形仍然顺滑，不会出现拐角的现象，如图 6.25 所示。如果不是自然式水池，没有曲线轮廓的要求，也可以将多段线的属性改为（非曲线化）（输入 D），形成多条直线段围合的图形。

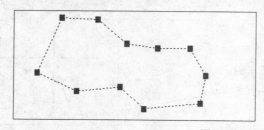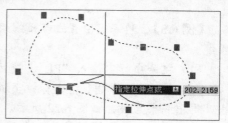

图 6.25　图形顺滑

　　此外，其他编辑方法也可运用，其作用如下。

　　"打开"表示将多段线的起点与终点打开成不闭合状态。有时候绘制的多段线是不闭合的，选择这样的多段线进行编辑，"打开（O）"命令将自动转换成"闭合（C）"。

　　"合并"是指将多段线的起点与终点打开成不闭合的状态。有时候绘制的多段线是不闭合的，选择这样的多段线进行编辑，"打开（O）"命令将自动转换成"闭合（C）"。

　　"合并"是指将多条短线段合并编辑。

　　"宽度"通过宽度设置修改多段线的宽度。

　　"编辑顶点"通过提示对多段线的顶点进行逐个编辑，从起点进行编辑，信息栏提示"下一个（N）/上一个（P）/打断（B）/插入（I）/移动（M）/重生成（R）/宽度（W）/退出（X）（N）"。

　　（1）"下一个"：是指调整到下一个顶点进行编辑。

　　（2）"上一个"：是指调整到上一个顶点进行编辑。

　　（3）"打断"：是指从当前编辑的顶点处打断多段线。

　　（4）"插入"：是指从当前编辑的顶点处插入一个新的顶点，此时可将多段线修改成楔形形式。

　　（5）"移动"：是指移动当前顶点。

（6）"重生成"：是指多段线视图重生成。

（7）"拉直"：是指由当前顶点拉着，至下一点或上一点。

（8）"切向"：是指对于直线与弧线相交的顶点，可将其调整为切线方向。

（9）"宽度"：是指顶点处线宽编辑。

"拟合"：是指将短线段进行线性拟合，形成连续的组合，执行"拟合"命令会使多段线变形较大。

"线性生成"是指多段线线性的执行，具体的运用将会在以后的实例中有针对性地讲解。

注：多段线并不是绘制直线与弧线组合的唯一方法，较复杂的园林图形用直线加弧线两个命令分别绘制更容易操作。但是如果需要填充的图形，连续画成的多段线对计算面积和图案填充更加方便和快捷。利用多段线命令即可完成填充轮廓的绘制，方便填充。

6.5　样条曲线

样条曲线是以绘制为支点而形成的连续光滑的曲线，通过单击，在每相邻的两个控制点之间产生一条光滑的曲线，可以一直连续地绘制，最后获得需要的曲线轮廓。在园林设计制图中，由于园林图纸的艺术性，经常会用到样条曲线的绘制，比如绘制自然式的池塘、道路、花草造型等。

样条曲线因为绘制方便自由，线型流畅光滑，是园林制图中描绘地形、创建河流、树体轮廓、道路系统等不规则绘制时不可缺少的工具。

1. 样条曲线命令的编辑与运用

通过以下 3 种方法可以执行"样条曲线"命令，

（1）选择"绘图"→"样条曲线"命令。

（2）在工具栏中单击 ～ 按钮。

（3）在命令行中输入命令"SPLine（spl）"，按回车键。

执行"样条曲线"命令，在绘图区指定一点，拖动鼠标指定第二点，命令行中有提示信息"指定下一点或闭合（C）"／"拟合公差（F）（起点切向）"，如图6.26 所示，此时如果在命令行中输入"C"，则会形成一条封闭曲线，如果输入"F"，则信息栏提示"指定拟合公差（0.0000）"，继续绘制曲线，并进行曲度设置。

图 6.26　"样条曲线"编辑

"拟合公差"：针对样条曲线的控制点进行设置，通常，绘制样条曲线时会在曲线路径上通过单击来确定样条曲线的大致走向。对于拟合公差的设置就是对样

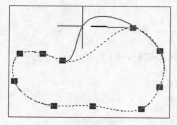

图 6.27　调整样条曲线

条曲线与指定点的拟合关系进行设置。公差值设置的大小表示样条曲线趋近数据点的值，公差越小，样条曲线越接近数据点，为 0 时说明样条曲线准确经过数据点。

样条曲线绘制完成后，可以通过捕捉端点，拖动鼠标进行调整，不管怎样移动，样条曲线始终保持光滑的曲线形态，如图 6.27 所示。

2. 样条曲线在园林中的应用

样条曲线因为线型光滑，没有棱角，适合绘制流畅形态的物体，如园林的自然溪水、自然式的甬道等。特别是样条曲线在编辑和修改的时候仍能保持顺滑的状态，所以被广泛运用在一些具有光滑外轮廓的园林元素绘制中。但是由于样条曲线无法精确地定位曲线形态，为了更加准确地绘图，往往在运用之前利用多段线打一个基本的轮廓，然后以多段线绘制的大致轮廓为基础进行样条曲线的绘制，这样经过后期的顶点修改后图形就更加接近自然的图形，也会比较精确。

【例 6.6】 自然式水体的绘制。

绘制一个如图 6.28 所示的水池。

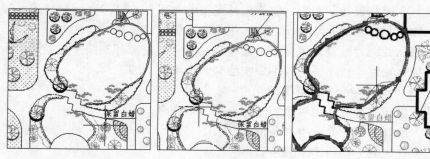

图 6.28　水池

（1）首先在命令行中输入"SPL"，按回车键。

（2）在绘图区拖动鼠标，首先绘制一个大体的轮廓，然后再拖动顶点做细部的调整。

（3）绘制完成后，可以对该图形进行填充或者偏移双线来进行进一步的加工绘制。将会在后面的章节中做详细的介绍。

6.6　云　　线

在园林制图中，树丛轮廓用一组封闭的弧线来表现。在手绘图中，是线条最优美的图案。在低于 AutoCAD 2004 版本中没有云线的功能，只能是用弧线来绘制，非常麻烦，而 AutoCAD 2007 的云线功能又得到进一步提高，就是可以用多段线绘制一个封闭的区域，直接利用云线功能，即可生成优美的轮廓。

通过以下 3 种方法可以执行"修订云线"命令。

（1）选择"绘图"→"修订云线"命令。

（2）在工具栏中单击 按钮。

（3）在命令行中输入命令"Revcloud"，按回车键。

可以通过两种方法来画出云线。

第一种是直接在绘图区拖动出树丛的轮廓，如图 6.29 所示。

第二种是先绘制出一个封闭的多段线或者多义线，再用云线的"对象"功能再生成云线。

首先画出一个封闭的多义线，如图 6.30 所示，然后在命令行中输入"云线"的命令，出现如图 6.31 所示的信息，首

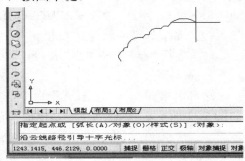

图 6.29　"云线"编辑

先确定一下弧长，点击"A"，如图 6.32 所示，指定出最大弧长和最小弧长，如：最小弧长为 3，则最大弧长定为 5，因为最大与最小弧长不得超过三倍，如图 6.33 所示。定好了弧长之后，再输入"O"，根据信息提示，单击对象。

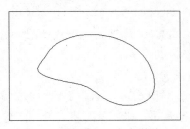

图 6.30　画出一个多义线

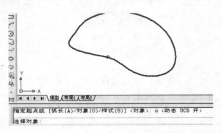

图 6.31　输入"云线"命令后的提示信息

图 6.32　确定弧长

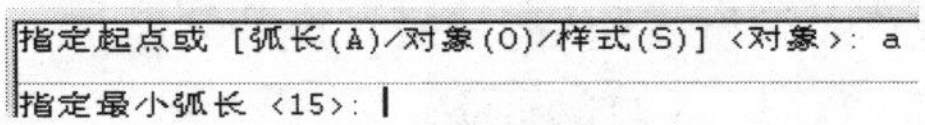

指定起点或 [弧长(A)/对象(O)/样式(S)] <对象>: a
指定最小弧长 <15>:

图 6.33　指定最大弧长和最小弧长

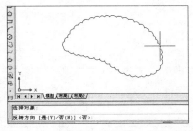

图 6.34　云线

单击后多义线便生成了云线。在命令行中提示"反转方向 [是（Y）/否（N）]"，选择"N"，则会是如图 6.34 所示的图形；如果选择（Y），则会反转图形，反转的云线可用于常绿灌丛的绘制。

6.7　点

1. 点命令

点虽然不能形成图形图层的效果，但是点是组成线条的基本元素。点命令的执行有以下 3 种方式。

（1）在命令行中输入"REVCLOUD"。

（2）在工具栏中单击 ▪ 按钮。

（3）选择"绘图"→"点"命令，"点"命令下还有子命令目录，如图 6.35 所示。

2. 点样式

选择"格式"→"点样式"命令，如图 6.36 所示，打开"点样式"对话框，如图 6.37 所示。"点样式"对话框适合对某一图形进行"定距等分的操作。"

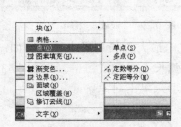

图 6.35　"点"命令菜单　　　图 6.36　"点样式"菜单　　　图 6.37　"点样式"对话框

【例 6.7】把一条 100 米的直线定数等分为 6 份。

选择"绘图"→"点"→"定数等分"命令，如图 6.38 所示。用鼠标选择线段，输入"6"。这时候应该已经分成了 6 份，但是点显示不出来，就需要选择"点样式"。选择"格式"→"点样式"命令，弹出"点样式"对话框，选择任一点样式，如选择第二排第三列的样式，则线段如图 6.39 所示，一条 100 米的线段明显地被分成了 6 份。

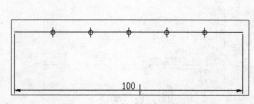

图 6.38　"绘图"→"点"→"定数等分"命令　　　图 6.39　6 等分 100 米的直线

【综合实例】

综合第 5 章和第 6 章两章所介绍的内容，现以一个幼儿园庭院设计为例，给大家演示一下制图的过程（暂不含植物设计）。

1. 分析地块

如图 6.40 所示，该场地是幼儿园的庭院设计，幼儿园的设计首先要考虑其功能性，再考虑艺术观赏性。幼儿园安全第一，因此此地块应为全封闭围合空间，留出两个出口。其次要考虑儿童的成长空间，预留出儿童活动的场地以及阳光温室。功能性考虑好后，还要考虑其艺术观赏性。由于儿童活泼的天性，此设计应以自然式的设计为宜，以曲线来划分空间，并在靠近围墙处做微地形处理，也就是常说的"挖湖堆山"，用一条自然式的小溪流贯穿小院。基本框架构思完成后，就开始着手利用所学的绘制知识进行绘制。

2. 进行空间的分割

在此案例中首先规划出两个入口，如图 6.41 所示，主入口是家长接送孩子的入口，次入口可供教职员工出入，以及出现紧急情况时疏散人流。然后预留出儿童活动区域及阳光温室的区域。

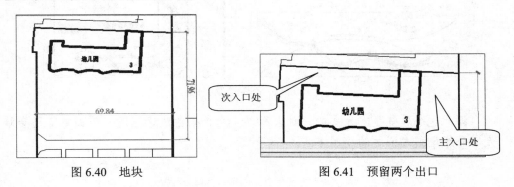

图 6.40 地块　　　　　　　　　图 6.41 预留两个出口

输入"L"命令，捕捉幼儿园墙角一点纵向绘制一条直线，然后再横向方向绘制一条直线。规划设计出阳光温室的位置。继续使用"L"命令规划出儿童的活动区域。

继续进行绿地的规划，在庭院中需有一条小甬路，用样条曲线命令绘制，绘制完成后，再用鼠标进行微调，使曲线顺滑，如图 6.42 所示。

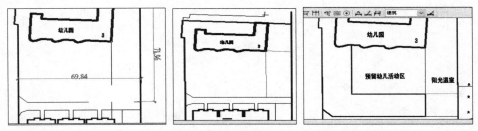

图 6.42 规划设计出阳光温室、儿童活动区和甬路

　　然后在庭院的西北侧规划出微地形的位置（如无特殊说明，本书中所有图纸的方向均为上北）。微地形是一组光滑的曲线条，用样条曲线命令绘制。画出一组曲线条，每两条曲线之间的高差相等，此图中高差为 0.20 米。最后在地形间绘制一个小溪流，也是用样条曲线命令绘制，至此该庭院的基本构架就出来了，如图 6.43 所示。

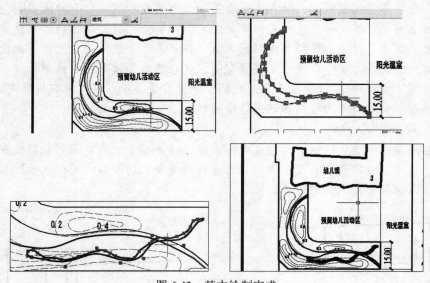

图 6.43　基本绘制完成

　　因为这个庭院是自然式的设计，所以多用样条曲线来完成。下面章节还会给大家介绍规则式园林的绘制方法。

第 7 章

基本图形的绘制

在以前的章节中，介绍了关于图层、线的基本知识，初步了解了绘制园林设计图纸的基本流程。本章介绍基本图形的绘制，包括矩形、圆、多边形等。

7.1　基本图形在园林制图中的应用

1. 基本图形在园林小品中的应用

园林建筑小品与居住或功能建筑有很大区别，在形态上更强调其轻巧性，园林小品平面轮廓的绘制可以结合不同的线型来表现，以及基本图形矩形、圆形、圆环等。

图 7.1～图 7.3 所示都是园林小品的施工图，建筑结构常会用到矩形、圆形、圆环等基本的图形。

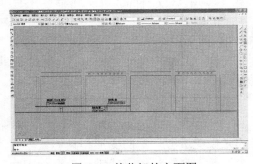

图 7.1　某花架的立面图

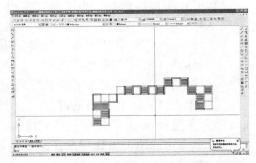

图 7.2　某花架的平面轮廓图

2. 基本图形在园林水体绘制中的应用

一般来说，园林中的水体以曲折流畅的驳岸为美，但是在大型的广场、公园的入口中，为体现城市的序列性空间的开敞，经常会用到规则式的水池、喷泉池等。规则式的水面能够体现一种理性的美感，一般会用到多边形、圆形、矩形等。

3. 园林植物

各种各样的园林植物单株平面中都会用到基本的图形（如图 7.4 所示），还有规则式种植池的设计，圆形花坛、方形花坛、多边形花坛等。

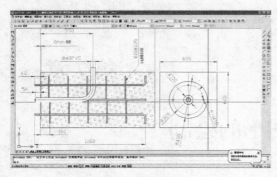

图 7.3 灯具安装平面图

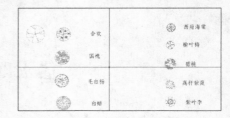

图 7.4 园林植物图例

7.2 建立基本图形

1. 矩形

矩形是最基本的图形，形态简单，可以灵活地运用到园林设计构图中，作为广场、花坛、水池、建筑、桌凳等的绘制。

通过以下 3 种方式可以执行"矩形"命令。

（1）选择"绘图"→"矩形"命令。

（2）单击工具栏中的 ▭ 按钮。

（3）在命令行中输入"Rectang（REC）"，然后按回车键。

这时，信息栏提示"指定第一个角点或［倒角（C）/标高（E）/圆角（F）/厚度（T）/宽度（W）］"。

① 倒角（C）：指需要绘制倒角的矩形。

② 标高（E）：指矩形的高度。

③ 圆角（F）：指矩形需要进行圆角处理。

④ 厚度（T）：指矩形的厚度。

⑤ 宽度（W）：指矩形线的宽度。

以上各个选项可以让用户在绘制矩形的时候能进行一定的变形和具体数据的确定，初学者不必刻意去掌握这些，只需要按照程序默认的方式进行矩形绘制就可以了，这些数值可在今后的运用中逐渐地掌握。

在绘图区的空白处单击鼠标，指定第一点，这时候信息栏提示"指定另一个角点或［面积（A）/尺寸（D）/旋转（R）］"。

①"面积（A）"：指矩形的大小，通过输入面积，加上矩形的第一个点位置来确定矩形的位置和形状大小。

② 尺寸（D）：指矩形的尺寸大小，现场尺寸限定后，信息栏提示输入矩形的长度和宽度。

③ 旋转（R）：指矩形的旋转方向，通过设定矩形旋转方向控制矩形的朝向。在命令行中输入"R"，则会出现提示："指定旋转角度或拾取点（P）"。

一般用输入尺寸的大小来绘制矩形的情况比较多，如绘制一个长 30 米、宽 15 米的矩形：首先单击一点，然后在命令行中输入@（30，15），则会得到一个长

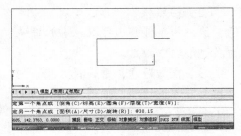

图 7.5　绘制"矩形"

30 米、宽 15 米的矩形，如图 7.5 所示。注意两点：一是一定要输入"@"表示是相对第一个点的距离；二是长与宽之间用逗号隔开，而且一定是英文状态下的逗号。

2. 正多边形

正多边形包括正三角形以上的多边形，可用于建筑小品的花坛的绘制等。

（1）命令的执行

可以通过以下 3 种方法执行"正多边形"命令。

1）选择"绘图"→"正多边形"命令。

2）单击工具栏中的 ⬠ 按钮。

3）在命令行中输入正多边形命令"Polygon（POL）"，按回车键。

这时候命令行会出现图 7.6 所示的信息栏提示，默认的边数是四边形，如果按默认设置，直接按回车键，信息栏会提示："指定正多边形的中心点或边（E）"，按照默认方式"指定正多边形的中心点"，直接按回车键，会出现图 7.7 所示的提示信息。默认方式是内接于圆，直接按回车键，会发生如下的变化：信息栏会提示输入圆的半径，输入数值就会得到相应的正多边形。如果选择外切于圆，则输入 C，则会与以上的形式不同：这时候输入的圆的半径实际上就是正四边形边长的一半。同理，正三边形，正五边形、六边形等都按照以上的操作步骤执行。

图 7.6　信息提示　　　　　　　　　　图 7.7　默认内接于圆

（2）正多边形的编辑与运用

正多边形完成后，会是一个整体，多个角点形成端点，如果要进行修改，只需要单击选中端点后拖动即可，如图 7.8 和图 7.9 所示。

【**例 7.1**】用"正多边形"命令绘制一个内径为 8 米的六角形花坛。

（1）首先执行"正多边形"命令，在命令行中输入多边形的边数，输入"6"按回车键结束。

（2）按照操作步骤，会提示"指定正多边形的中心点或者边（E）"，根据题意，给出的条件是内径 8 米，这里应按照默认直接按回车键，用鼠标任选一点作为多边形的中心点。

（3）根据题意，是内径 8 米，所以选中内接于圆，在半径中输入 4 米，即可得出所需的多边形，如图 7.10 所示。

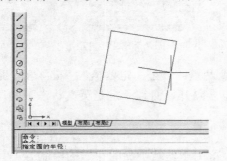 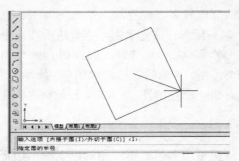

图 7.8 绘制"正多边形"

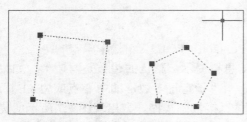 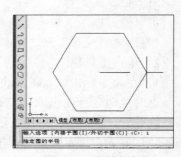

图 7.9 编辑"正多边形"   图 7.10 绘制多边形

如果给出的条件是多边形的长度，那就选择指定边（E）进行操作。

其余多边形的操作均按照步骤来完成。

3. 弧线

在前面的多段线的绘制中，已经讲到了弧线的绘制，而弧形命令是作为一个独立的绘图工具，主要用于绘制一些弧线段组成的图形，如模纹色块、弧形小路、弧形的建筑小品等。

（1）命令的执行

"弧形"命令可以通过以下 3 种方法执行。

① 选择"绘图"→"弧形"命令。

② 在工具栏中单击 弧线 按钮。

③ 在命令行中输入命令"ARC"或"A"，按回车键。

此时信息栏会提示"命令：_arc 指定圆弧的起点或圆心（C）"。

绘制圆弧有两种方式：一是通过已知的不在同一条直线上的三点限定，即圆弧的起点、中点、圆弧上的任意一点，还可以指定圆心、圆弧的一个端点、圆弧的角度限定。一般是用三点绘制弧线的方式。

绘制圆弧时首先用鼠标任选一点，信息栏提示"命令：_arc 指定圆弧的起点或圆心（C）"，C 指圆弧的圆心。

在绘图区选取一点，单击，首先指定圆心位置，信息栏提示"指定圆弧的起点，鼠标单击绘图区指定圆弧起点"，"指定圆弧的端点或［角度（A）/弦长（L）］"，指定另一端点，完成圆弧绘制。

根据上述信息栏提示，还可以通过输入圆弧角度值或者圆弧弦长值，完成圆弧的绘制。

有很多的方法可以确定圆弧的形状和弦长，选择"绘图"→"圆弧"命令，弹出其子菜单，如图 7.11 所示，具体可以根据绘图的基本情况在信息栏的提示下进行选择。

（1）"三点"指确定三点可以确定圆弧的位置和形态。有两种方式：一是已知经过圆弧的三点；二是已知圆弧的起点和端点，通过确定圆弧的半径得出圆弧。

（2）圆弧的编辑与运用

圆弧绘制完成后，在选中的情况下有 4 个捕捉点，分别是圆弧的圆心点、起点、端点、中点，通过捕捉不同的控制点可以实现圆弧的修改（如图 7.12 所示）。

图 7.11　"圆弧"命令子菜单

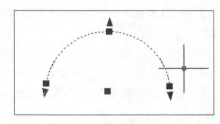

图 7.12　绘制"圆弧"

1）通过捕捉起点或端点拖动鼠标能改变圆弧的弦长、半径、圆弧角度等。

2）圆弧上中间的点代表圆弧线段的中点位置，拖动圆弧的中间点可以保持圆弧的圆心始终在中点与原有圆心连成的直线上移动，圆弧的弦长、角度、圆心位置均发生变化。

3）捕捉圆弧的圆心点，拖动圆弧，则只改变圆弧所在的坐标，圆弧的基本参数不变。

园林设计中圆弧不作为一个单独的图形出现，但园林设计中需要用到"圆弧"命令的情况很多，通常是与其他图形绘制时结合使用，如弧形门、建筑小品等。

4. 圆形

圆形是很常见的几何图形，在园林设计中应用非常广泛，如栽植的乔木、灌木在平面中绝大部分以圆形为基本图形，圆亭、圆形花架、圆形花坛、圆形喷水池等。

（1）命令的执行

通过以下 3 种方法可以执行"圆形"命令。

① 选择"绘图"→"圆形"命令。

② 单击工具栏中的 ⊙ 按钮。

③ 在命令行中输入"Circle（C）"，然后按回车键。

这时信息栏提示："命令：_circle 指定圆的圆心或三线（3P）/两点（2P）/相切、相切'半径（T）'"由信息栏可以看出，绘制圆可以通过 4 种方式确定圆的位置和大小。初学者也可以选择"绘图"→"圆"命令，打开其子命令菜单。

1）限定圆心和半径（直径）确定圆的大小，直接按空格键或回车键，选择这种绘图方式。一般在已知圆半径的情况下会选择此方式。

2）还可以通过圆上的任意三点来确定，在命令行中输入"3P"来执行这种绘图方式。

3）可以通过直径的两个端点限定来确定，在命令行中输入"2P"来执行这种绘图方式。

4）通过限定经过圆的两点及圆的半径值来确定，在命令行中输入"T"执行这种绘图方式。

（2）圆形的编辑与运用

【例 7.2】圆形结合圆弧命令绘制单株植物种植平面图。该植物为落叶乔木，冠幅 3 米。

（1）首先绘制一个圆形，在命令行中输入"C"命令，按回车键。

（2）半径输入 1.5，则绘制成一个直径为 3 米的圆形。

（3）选择圆弧命令，用圆弧命令以三点的方式画出一条圆弧，再画出另外几条圆弧。

（4）这样就画出了一个简单的单体乔木平面图，如图 7.13 所示。

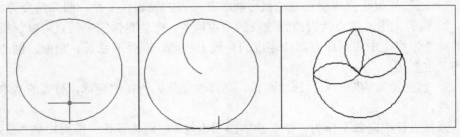

图 7.13　绘制单体乔木平面图

【例 7.3】用圆形命令和多义线命令结合绘制单株植物种植图。

（1）首先绘制一个圆形，在命令行中输入"C"命令，按回车键。

（2）半径输入 1.5，则绘制成一个直径为 3 米的圆形。

（3）执行多义线命令，在圆形边上和中心处各绘制一条多义线，如图 7.14 所示，就绘出了一个简单的乔木单体种植平面图，如图 7.15 所示。

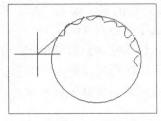

图 7.14　绘制多义线

图 7.15　绘制乔木单体种植平面图

5. 椭圆

椭圆是几何图形，在园林设计中可以用于花坛造型，铺装场地、色块造型、水池等的基本图形。

（1）命令的执行

通过以下 3 种方法可以执行"椭圆"命令。

① 选择"绘图"→"椭圆"命令。

② 单击工具栏中的 按钮。

③ 在命令行中输入"Ellipse（EL）"，按回车键。

信息栏提示"指定椭圆的轴端点或［圆弧（A）/中心点（C）]"。

绘制椭圆一般有 3 种方式。

① 默认的方式是轴、端点的形式，即指定椭圆的长轴或短轴的两个端点，然后通过鼠标拖动调节椭圆的形状。

②"中心点（C）"是指先指定椭圆的中心，然后拖动鼠标绘制椭圆。

③"圆弧（A）"适合绘制不完全的椭圆图形，指定椭圆的长轴（短轴）的两个端点，或者一个端点加上一条轴的轴长，然后通过拖动鼠标和光标取点完成。

（2）椭圆的编辑方法

椭圆绘制完成后，在选中的情况下有 5 个控制点，分别是形成长轴和短轴的 4 个端点及椭圆的中心点。捕捉中心点拖动鼠标，可以对椭圆的位置进行移动，但不改变椭圆的形状。如果捕捉 4 个端点拖动鼠标进行拉伸，就能够改变长短轴的长度，捕捉短轴的任一端点，拖动鼠标，短轴发生变化，长轴不变，反之，长轴的长度发生变化，短轴不变，椭圆的中心始终不发生变化。

6. 椭圆弧

在园林设计中，椭圆弧用得较少，此章节作为了解内容即可，它是指一段没有封闭的椭圆线，因此可以任意地调节弦长线，主要用于场地的轮廓线，花坛、椭圆弧的花坛等。

（1）命令执行

1）选择"绘图"→"椭圆弧"命令。

2）单击工具栏中的 按钮。

3）在命令行中输入"Ellipse（EL）"，根据命令行的提示输入"A"，按回车键。此时出现信息栏提示"指定椭圆弧的轴端点或［中心点（C）］"。

在屏幕上指定一点，根据提示指定另一端点，然后拖动鼠标绘制出一个椭圆形态，这时候光标并没有停下，信息栏提示"指定起始角度或参数（P）"。

在椭圆形态内指定一点，作为椭圆弧的起始点，然后移动鼠标到另一点，单击即可。

（2）椭圆弧的编辑与应用

椭圆弧绘制完成后，选中绘制的图形，椭圆弧有 4 个端点，可以通过捕捉这 4 个点来调节椭圆弧的形状。

1）捕捉椭圆弧的端点，拖动鼠标则可以改变椭圆弧的角度、弦长，同时，椭圆弧的中心点也会发生变化。

2）捕捉椭圆弧的中点，拖动鼠标，则椭圆弧的两端保持不变，弦长和角度改变。

3）捕捉椭圆弧的中心点，拖动鼠标，则椭圆弧的角度改变，形状变化大。

7.3 图形的编辑和修改命令

图形的编辑和修改命令包括删除、复制、镜像、阵列等，是计算机制图的重要内容，也是本书重点章节。掌握了这些命令的应用，AutoCAD 的制图会更加得心应手，和手绘图相比，效率大幅度地提高。

在绘图中只用基本图形的绘制命令是不能够完成复杂的园林制图的，熟练掌握图形的编辑和修改命令，可以提高绘图效率和绘图的质量。

1．删除

删除命令相当于橡皮，将画错的线或者不需要的线进行擦除。

（1）命令的执行

"删除"命令可以通过以下 5 种方式执行。

1）选择"修改"→"删除"命令。

2）单击工具栏中的 按钮。

3）在命令行中输入"Erase（E）"，按回车键，然后选择要删除的对象，继续选择对象或按回车键结束选择，则被选择的对象删除。

4）选择要删除的对象，在键盘上按 Delete 或←键，其与 Windows 的基本命令通用。

5）选择要删除的对象，保持选中的状态不变，右击，在弹出的快捷菜单中选择"删除"命令即可。

（2）命令的应用

"删除"命令较为简单，在此就不再举例了，但它是常用的编辑命令之一，希望读者能够熟练地掌握。

2. 复制

"复制"命令也是很常用的，在手绘图时，画出两个一模一样的图形很难，在AutoCAD中这个问题应用"复制"命令则会迎刃而解。

"复制"命令可以通过以下5种方式执行。

（1）选择"修改"→"复制"命令。

（2）直接单击工具栏中的 按钮。

（3）在命令行中输入"copy（co）"，按回车键。然后根据需要选择要复制的对象，粘贴到相应的位置即可。

（4）通过 Ctrl+C 组合键复制对象。和其他的应用软件方法相同，需要粘贴时用 Ctrl+V 组合键。

（5）选择对象后，保持选中的状态不变，然后右击，在弹出的快捷菜单中选择"复制选择"命令。

AutoCAD 2007 中多重复制的命令变得简单而快捷，可以直接进行多重复制。

【例 7.4】用多种绘制方法绘制行道树。

将图 7.16 所示的乔木以 5 米的株距复制。

第一种方法：选择"修改"→"复制"命令。

选中后右击，出现下面的信息。

选中乔木图标的一点，然后单击，按 F8 键保持正交状态，在信息栏中输入"5"，则复制后两树的株距为 5 米，如图 7.17～图 7.20 所示。

图 7.16 待复制的乔木

图 7.17 绘制行道树 1

图 7.18　绘制行道树 2

图 7.19　绘制行道树 3

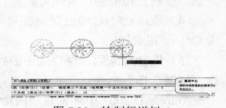

图 7.20　绘制行道树 4

图 7.21　在命令行中输入命令"copy"

第二种方法：直接单击工具栏中的按钮，鼠标变成小方块状态，其他步骤与上同。

第三种方法：在命令行中输入命令"copy"，按回车键，则直接进入复制状态如图 7.21 所示。

第四种方法：先选择乔木图例，按 Ctrl+C 组合键，然后按 Ctrl+V 组合键，即可复制。该种方法可以在不同的文件中进行复制和粘贴，资源共享。

第五种方法：先选中乔木图例，然后保持选中状态，右击，在出现的快捷菜单中选择"复制选择"命令，即可进行复制。

【例 7.5】在不同的文件中进行复制和粘贴。

在园林制图中为提高效率，经常会在不同的文件中进行复制和粘贴的操作。也可以将一些图例、建筑小品作为素材多次使用。

（1）打开一个建好的文档，如图 7.22 所示。

（2）将乔木的图例进行复制，如图7.23所示，然后再打开另一个文档，在界面中任选一点右击，在快捷菜单中选择"粘贴"命令，即可将此图例用到新的文档中。

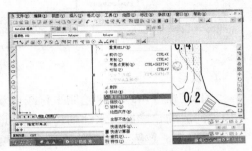

图7.22　打开一个建好的文档　　　　图7.23　复制乔木图例

3. 镜像

"镜像"也是Autocad中比较常用的命令，有的图形是沿着一条对称轴对称的，只要绘制出一半，就能沿着对称轴镜像出另外一半。比如对称的水池、花坛、行道树、小品等。

可以通过以下3种方法来执行"镜像"命令。

（1）选择"修改"→"镜像"命令。

（2）单击工具栏中的　按钮。

（3）在命令行中输入"Mirrow（MI）"，按回车键。

然后选择要镜像的对象，指定对称轴，实现镜像操作。如图7.24所示，单击镜像图标后，选择要镜像的对象，出现"指定镜像线的第一点"的提示信息。然后单击一点后，又会出现"指定镜像的第二点"的信息。单击第二点后，出现"删除源对象吗？[是（Y）/否（N）]"，选择"是"将会删除原来的对象，选择"否"，则源对象不删除。该图选择了"否"，就出现了两个完全对称的图形，如图7.25所示。

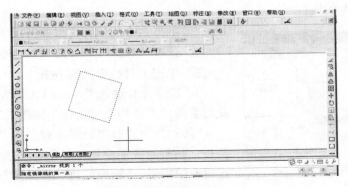

图7.24　进行"镜像"命令

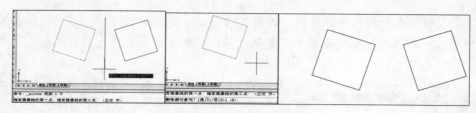

图 7.25 "镜像"命令操作

4. 偏移

"偏移"命令可以用来绘制平行线或双线,尤其是能绘制多条平行的样条曲线。比如说河流的轮廓线、水池的边缘线,道路的绘制,台阶和铺装绘制等都会用到"偏移"命令。熟练掌握"偏移"命令才会得心应手地运用 AutoCAD。

可以通过以下 3 种方式执行"偏移"命令。

(1)选择"修改"→"偏移"命令。

(2)单击工具栏中的按钮。

(3)在命令行中输入"Offset(O)",按回车键,此时信息栏提示"指定偏移距离或[通过(T)/删除(E)/图层(L)] <000.000>"。

AutoCAD 系统默认的格式是输入偏移的距离。

① "通过(T)":如果已知偏移线通过某点,则可以采用此项。

② "删除(E)":设置偏移后是否删除源对象。在命令行中输入"E",则信息栏提示"要在偏移后删除源对象吗?[是(Y)/否(N)]",默认为"否"。

③ "图层(L)":可设置偏移后对象的图层,在命令行中输入"L",则信息栏提示"输入偏移对象的图层选项[当前(C)/源(S)]",默认为"源"。

5. 阵列

"阵列"是 AutoCAD 绘图中较为复杂的修改工具,但同时也适合各类学科制图的需要,通过阵列的设置和数值界定可以完成精确绘图。

"阵列"多用于多个同种元素排列的制图中,园林中如树阵的绘制,水中石墩的绘制,行道树绘制,铺装的绘制,都会用到"阵列"命令。

(1)命令的执行

图 7.26 "阵列"对话框

"阵列"命令的执行可以通过以下 3 种方式。

1)选择"修改"→"阵列"命令。

2)单击工具栏中的按钮。

3)在命令行输入"Array(AR)",按回车键,此时会弹出"阵列"对话框,如图 7.26 所示。

"阵列"方式有"矩形阵列"和"环形阵列"两种,两种方式的单选按钮窗口的右侧有需要选定对象的提示。"矩形阵列"的设置方式如下。

①"行、列"。阵列的方式以矩形行列排列，因此需要输入将对象排列多少行和多少列。在"行"、"列"文本框中分别输入数字。

②"偏移的距离和方向"。包括"行偏移"和"列偏移"的距离设定及阵列矩阵的倾斜角度设定。在"行偏移"和"列偏移"文本框中分别输入数值，即矩阵的两个对象之间的距离。也可以单击后面的按钮，在图上拾取距离。而偏移的角度适合不是正交阵列的对象。可以直接输入角度，也可以单击后面的按钮，在图上拾取一个角度。

③"选择对象"按钮，阵列时一定要选择阵列的对象，然后单击"预览"按钮，如操作失误，可以返回修改，直到预览到合适的图形时再单击"确定"按钮。

"环形阵列"的设置方式如下。

环形阵列是指以一个圆的圆心为中心点，沿着圆进行的 360°或其他角度的阵列方式。选中"环形阵列"单选按钮后，对话框如图 7.27 所示。

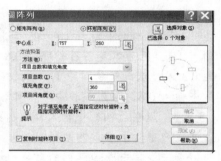

图 7.27 "环形阵列"的设置

1）"中心点"是指环形阵列的轨迹中心。可以在 X 和 Y 文本框中分别输入坐标点，或者单击■按钮拾取一个点。在"方法和值"选项区域中，"方法"有以下几个选项。

① 项目总数和填充角度——参数的设置包括项目总数即阵列对象的总个数，填充角度即环形阵列的排列角度，在 0°～360°范围内，还可以单击后面的按钮在绘图区用光标指定角度。

② 项目总数和项目间的角度——即阵列对象总个数的设定，项目间的角度即每两个相邻阵列对象之间的角度值的设定，可以通过单击后面的按钮在绘图区指定角度。

③ 填充角度和项目间的角度——即环形阵列的排列角度的限定，项目间的角度即每两个相邻阵列对象之间的角度值的设定。

2）选中"复制时旋转项目"复选框，即表示在阵列的过程中，复制的对象会根据环形的旋转而相应地旋转，不再遵照源对象的方位角度改变。

（3）"详细"。指可选择设定对象的基点，单击"详细"按钮，会出现图 7.28 所示的选项。可以选择系统设定的对象默认设置值，也可以取消选中"设为对象的默认值"复选框，输入 X 和 Y 坐标值作为基点或单击后面的按钮回到绘图页面用鼠标选择基点位置。

图 7.28 "详细"菜单

（2）阵列的运用

"阵列"命令在园林制图中运用十分广泛，

绘图方便快捷。它可以运用于规则式矩形场地中安排设施或植物的放置，相对于"复制"命令来说，具有更加方便、快捷和更加精确的意义，因为矩形阵列可以清晰地设置事物排列的行列偏移距离、事物排列的数量等，而"环形阵列"在绘制弧形的构建及布局时也具有方便、快捷的作用。下面分别就矩形阵列和环形阵列详细举例，说明一下应用的方法。

【例7.6】绘制两排条石路，条石规格0.8米×0.3米，两列间距0.3米，两行间距0.3米。

（1）首先绘制被阵列的对象——矩形条石。

输入矩形命令，绘制一个长0.8米宽0.3米的条石。

（2）执行"阵列"命令，在命令行中输入"AR"，按回车键，出现"阵列"对话框，如图7.29所示。在"列"文本框中输入2；在"行"文本框中输入10；在"列偏移"文本框中输入1.1，因为本身条石长度为0.8米，两块直接间距0.3米，这样就是间距1.1米；在"行偏移"文本框中输入0.6，因为条石本身宽0.3米，行间距又是0.3米，所以在行间距中输入0.6，阵列角度不变。（行列间距为中心至中心的间距。）

图7.29　"陈列"对话框

下一步单击选择阵列的对象——条石后，右击，则弹出如图7.30所示的对话框，大家会发现，一直是灰度显示的"预览"按钮成为可选项。单击"预览"按钮，如图7.31所示，如果预览效果很好，就单击"接受"按钮，直接完成阵列；感觉效果欠佳，则单击"修改"按钮，回到"阵列"对话框，重新进行修改。

图7.30　"预览"按钮可用

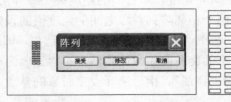

图7.31　预览效果

【例7.7】布置一个数阵，株行距5米×4米，10行5列。

首先绘制一个乔木图例，用文件间的复制和粘贴命令，选择一个图例，粘贴到新的文档中。

在命令行中输入"AR"，按回车键，打开"阵列"对话框，如图7.32所示。

按照题意要求分别输入各个参数，株行距即行列的距离。输入完成后，单击选择对象，选择要阵列的对象，阵列后，效果如图7.33所示。

图7.32 "乔木"图例及"阵列"对话框

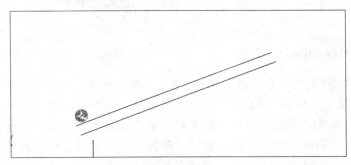

图7.33 阵列效果

以上两例均为阵列角度为"0"的情况，下面介绍一下有阵列角度的例子。

【例7.8】沿着一条公路栽植一排行道树，株距5米，共20株。

如图7.34所示，公路是有斜度的，首先输入"AR"，按回车键，出现"阵列"对话框（如图7.35所示）后，输入各参数，如图7.36所示。单击"阵列角度"文本框后的按钮，拾取阵列角度，即沿着公路线进行阵列，出现十字光标后，单击公路两个端点（如图7.37所示）后右击，回到"阵列"对话框。然后选择对象，进行预览，阵列后效果如图7.38所示。

图7.34 公路

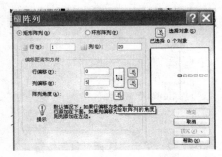

图7.35 "陈列"对话框

图7.36 输入各参数

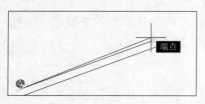

图 7.37 公路的端点

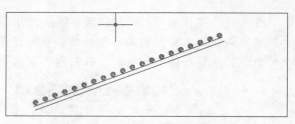

图 7.38 陈列预览效果

【例 7.9】用环形阵列命令绘制乔木图例。

首先用圆形命令绘制一个直径为 3 米的圆，结合捕捉命令绘制一条弧线并镜像，如图 7.39 所示。然后在命令行中输入命令"AR"并按回车键，出现"阵列"对话框，选中"环形阵列"单选按钮，单击"拾取中心点"按钮，如图 7.40 所示，在图中两条弧线围绕圆心进行阵列，单击图标，结合捕捉命令，捕捉圆心点，右击。

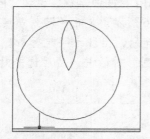

图 7.39 绘制圆和弧线并镜像

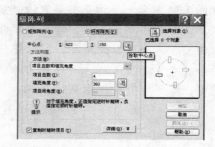

图 7.40 拾取中心点

如图 7.41 所示，"项目总数"选择"6"，"填充角度"选择"360"。然后单击"选择对象"按钮，如图 7.42 所示。选择需要进行阵列的对象，右击，回到"阵列"对话框，单击"预览"按钮，如果符合要求，则单击"确定"按钮，若需要修改，则单击"修改"按钮，再次回到"阵列"对话框进行修改调整。直到出现满意的结果。图 7.43 所示为阵列后得到的图形。

图 7.41 选择"项目总数"和"填充角度"

图 7.42 单击"选择对象"按钮

【例 7.10】用阵列命令绘制一个半圆形花架。

（1）先做一个辅助线，即画出一个直径为 10 米的圆形。然后绘制出其中一个花架条，用矩形命令完成。矩形长 2 米，宽 0.40 米，如图 7.44 所示。

（2）在命令行中输入"AR"，按回车键。

出现"阵列"对话框，拾取阵列的中心点，然后设置"项目总数为 20"，填充角度为 180°，最后得到如图 7.45 所示的结果。

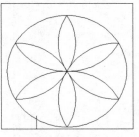

图 7.43　陈列后图形

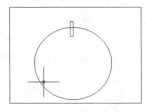

图 7.44　绘制图形

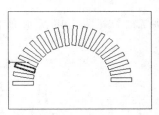

图 7.45　最后效果

6. 移动

"移动"命令主要运用于绘制图后的局部调整和修改。通过以下 3 种方式可以执行"移动"命令。

（1）选择"修改"→"移动"命令。

（2）单击工具栏中的 ✥ 按钮。

（3）在命令行中输入"MOVE（M）"，按回车键，信息栏提示"选择对象"。用鼠标操作选择要移动的对象，按回车键，则信息栏提示"指定基点或［位移（D）］＜位移＞"。

这时，在绘图区的任意一点单击，则会默认此点是指定移动的基点，也可以在命令行中输入相对位移的坐标"@xxx，yyy"。

通常，在移动命令中有以下两种方式：一种是有明确的移动地点，可以用捕捉的命令捕捉移动的基点；另一种是有明确的移动距离，如将某植物图例移动 5 米，可以直接在命令行中输入移动的距离。

【例 7.11】将图 7.46 所示的乔木像右移动 4 米。

（1）在命令行中输入移动命令"M"，然后按回车键。

（2）用鼠标选择需要移动的对象，右击。

（3）单击"乔木"的中心点（既树木的种植点），单击"正交"按钮，向右方拖动，然后在命令行中输入"4"，按回车键，效果如图 7.47 所示。

图 7.46   乔木图形

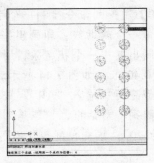

图 7.47   向右移动 4 米

【例 7.12】将图 7.48 所示圆中的两个对象移动到指定的位置。

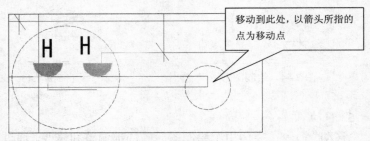

图 7.48   例 7.12 图

（1）在命令行中输入"M"，按回车键。

（2）选择需要移动的对象，右击。此时信息栏提示"指定移动的基点"，打开捕捉，捕捉对象最上侧的一点，单击，拖动鼠标，这时两个对象可以进行移动，如图 7.49 所示。

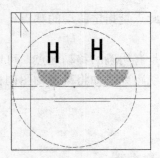

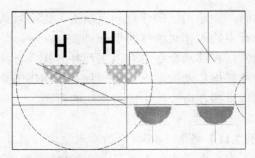

图 7.49   移动两个对象

（3）移动至指定的点，打开"捕捉"状态，捕捉该点后右击，完成移动，如图 7.50 所示。

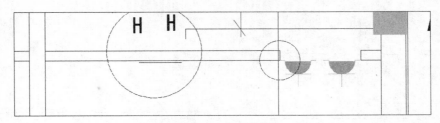

图 7.50 完成移动

7. 旋转

"旋转"命令用于将对象进行角度上的旋转。

有以下 3 种方式可以实现"旋转"命令的执行。

（1）选择"修改"→"旋转"命令。

（2）单击工具栏中的 ○ 按钮。

（3）在命令行中输入"Rotate（RO）"，按回车键。

此时信息栏会提示用户"选择对象"，同时，光标回到绘图区，选择旋转对象，按回车键，信息栏提示"指定基点"，用户可以通过输入基点坐标，或者移动光标在绘图区直接选取两种方式进行旋转操作。

根据信息栏提示"指定旋转角度，或复制［（C）/参照（R）] <0>"，在命令行中输入旋转角度或者拖动十字光标旋转到合适的角度，同时信息栏会提示"指定旋转角度，或［复制（C）/参照（R）] <0>"。"复制（C）"表示旋转的同时复制一个源对象，得到两个对象；"参照（R）"表示可参照一条指定的直线作为 0°线进行旋转。

在命令行输入"R"后，信息栏提示"指定新角度或［点（P）]"<0>或<角度值>。

然后指定一个新的角度值或用光标选取一点即可。还可以通过输入两点来指定参照角度，以两点连成的直线为基准旋转。

"旋转"命令通常结合捕捉辅助命令执行，这样通过指定一个确定的基点进行对象的旋转，更能准确地绘图。更多的是输入角度值来准确控制旋转的角度。

输入旋转角度值时，正角度值是指顺时针旋转，负角度值是逆时针旋转。

【例 7.13】将图 7.51 所示对象旋转 20°。

（1）在命令行中输入"RO"，按回车键执行"旋转"命令，选择对象，右击，信息栏提示请"选择基点"，打开捕捉状态，选择一点进行旋转。

（2）选择好基点后单击，在信息栏中直接输入"20"，按回车键即可，如图 7.52 所示。

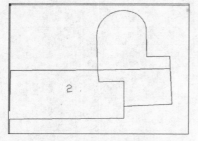

图 7.51　例 7.13 图

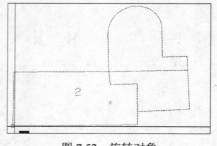

图 7.52　旋转对象

8. 缩放

"缩放"也是一个常用命令，它可以方便地将对象进行扩大或缩小。

"缩放"命令的执行有以下 3 种方式。

（1）选择"修改"→"缩放"命令。

（2）单击工具栏中的 ☐ 按钮。

（3）在命令行中输入"Scale（SC）"，按回车键。

这时信息栏提示"选择对象按空格键或者回车键"。

信息栏提示"制定基点"、制定比例因子或［复制（C）/参照（R）］<1>（系统默认比例因子是 1）。在命令行中输入比例因子，扩大输入 1 以上的比例因子，缩小输入 1 以下的比例因子。或者直接拖动十字光标到适当的比例，直接完成"缩放"命令。

在命令行中输入"C"，执行"复制"命令，表示将源对象复制后进行缩放，因此绘图完成后源对象仍然存在。"参照（R）"表示选择一个对象作为参照或者两点作为参照距离，这两点指的是从"几"缩放到"几"，例如一段距离从"10米"缩放到"100 米"，"10 米"是参照长度，而"100 米"则是缩放后新的长度。同样"缩放"命令的操作，也将结合捕捉，方便准确。

【例 7.14】用三种方式缩放下面的图形，该图形为矩形，长 20 米宽 12 米。

① 缩放 3 倍。

② 缩放到原图的 0.25。

③ 将长缩放到 50 米。

（1）绘制一个长 20 米宽 12 米的矩形，执行"矩形"命令，然后在命令行中输入"@20，12"绘制一个矩形。（再次提醒，一定要在英文状态下输入符号，否则无法完成命令。）

（2）在命令行中输入"SC"执行"缩放"命令。先做第一步，选择对象，右击（在本书中多次强调右击，这步操作相当于回车确认），然后在命令行中出现"指定基点"，打开捕捉状态，捕捉矩形的其中一点作为基点，单击，在命令行中直接输入"3"，因为"缩放"命令的默认状态就是指定比例因子，输入完成后回车，矩形就会放大 3 倍；第二步要求矩形缩放 0.25，执行"恢复"命令，或直接按 Ctrl+Z 组合键，然后接着执行"缩放"命令，步骤同上，只是在命令行中比例因子输入"0.25"，即会出现符合条件的图形；执行第三步，将 20 米的长缩放到 50 米，首先恢复，然后再次执行"缩放"命令，选择对象并右击，单击矩形的一个点作为基点，在出现的信息提示栏中输入"R"，回车进入参照状态，在指定参照长度中输入 20 并回车，出现信息"指定新的长度"，输入 50 并回车，即可得到想要的图形。

9. 拉伸

"拉伸"命令是调节图形的大小和位置的基本工具，运用的方式较为灵活。

"拉伸"命令的执行有以下 3 种形式。

（1）选择"修改"→"缩放"命令。

（2）单击工具栏中的 按钮。

（3）在命令行中输入"Stretch"，按回车键。

信息栏提示用户"选择要拉伸修改的对象"，通过框或选择等形式完成对象选择，按回车键，则信息栏提示"指定基点［或位移（D）］<位移>"。

在绘图区指定基点，拖动或在命令行输入"位移"，完成拉伸。

"拉伸"命令可将图形元素所选择的控制点移动到指定的位置，一般只能采用交叉窗口或交叉多边形的方式来选择对象，因此，必须确定选择的端点是否应该包含在被选择的窗口中，如果端点包含在窗口中，该点会同时被移动，此时的"拉伸"只相当于"移动"命令，此外，圆形图形也不能执行"拉伸"命令。不同的图形对象具有不同的控制点，如矩形的控制点为多边形的多个角点，圆弧的控制点为圆弧的两个端点等。

"拉伸"对尺寸的标注编辑有重要意义，当控制点被拉伸修改后，尺寸的数值将会自动调节到拉伸的位置，如果对已经标注的图形进行拉伸编辑，只要同时将剪切窗口覆盖到相应的尺寸控制点上，标注尺寸即会相应地随之改变。

10. 拉长

"拉长"命令用于拉伸具有端点的线，可以将其长度增加或者缩短。

通过以下 3 种方式可以执行"拉长"命令。

（1）选择"修改"→"拉长"命令。

（2）单击工具栏中的 按钮。

（3）在命令行中输入"Lengthen"，按回车键，此时信息栏会提示"选择对象或［增量（DE）/百分数（P）/全部（T）/动态（DY）］"。

①"增量（DE）"：命令行中输入"DE"，按提示输入增量数值，然后选择要修改的对象即可对要修改的对象进行拉长编辑。

②"百分数（P）"：命令行输入"P"，输入百分比值后，选择要修改的对象，

修改对象就会按照限定的百分比拉长。

③"全部（T）"：命令行输入"T"，限定修改对象的总长度，然后选择对象，使之满足要求。

④"动态（DY）"：命令行输入"DY"，表示指定修改对象后，移动十字光标来修改其端点位置，将其调整到合适长度。

"拉长"命令适合将一条直线或者弧线进行拉长的操作，如图 7.53 所示。

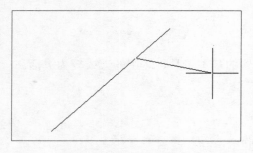 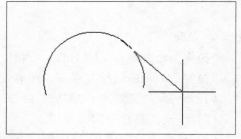

图 7.53　直线"动态"拉长弧线"动态"拉长

11. 延伸

"延伸"命令同样用于图形的修改。可以通过以下 3 种方式执行"延伸"命令。

（1）选择"修改"→"延伸"命令。

（2）单击工具栏中的 按钮。

（3）在命令行中输入"Extend（EX）"，按回车键。

信息栏提示"选择要延伸的对象"，完成对象选择后右击，然后信息栏提示"选择要延伸的对象"或"［栏选（F）/窗交（C）/投影（P）/边（E）/放弃（U）"。

①"栏选（F）"：指通过拖动鼠标框选要被延伸的对象。

②"窗交（C）"：指在交叉窗口范围内延伸被选择对象。

③"投影（P）"：指被延伸对象在投影的多维平面上进行延伸。

④"边（E）"：指设置对图形内部边进行延伸。输入"E"，命令行出现信息栏提示"输入隐含边延伸模式［延伸（E）/不延伸（N）］<延伸>"。

"延伸"命令是将线延长到指定的位置，因此相对于拉伸命令来说，可以保持线延伸后的角度不变，对于圆弧来说，其半径也不会发生改变。注意："延伸"与"拉伸""拉长"一样，都只能编辑开放的图形，而不能编辑闭合的图形。

【**例 7.15**】将图 7.54 所示图形延伸到右侧的直线上。

（1）执行"延伸"命令，在命令行中输入"EX"，按回车键。

（2）选择右侧的直线，右击，出现信息提示"［栏选（F）/窗交（C）/投影（P）/边（E）/放弃（U）］"。

直接按回车键，再单击需要延伸的对象，就会得到图 7.55 所示的图形。

图 7.54　例 7.15 图

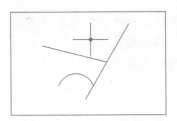

图 7.55　延伸后图形

12. 修剪

"修剪"命令是 AutoCAD 中很常用而且很实用的修改命令。图形的每一步操作，几乎都离不开"修剪"的操作。通过以下 3 种方式可以执行"修剪"命令。

（1）选择"修改"→"修剪"命令。

（2）单击工具栏中的 ┅ 按钮。

（3）在命令行中输入"Trim（TR）"，按回车键。

这时信息栏提示"选择要修剪的对象"，选择修剪参照对象，按回车键，信息栏提示"栏选（F）/窗交（C）/投影（P）/边（E）/删除（R）放弃（U）"。

此时，可以通过选择要剪切的线完成修剪，通过上述信息提示来制定修剪方式。

① "栏选（F）"：指通过拖动鼠标框选要修剪的对象。

② "窗交（C）"：指在交叉窗口内修剪。

③ "投影（P）"：指修剪对象在投影的多维平面上进行延伸，二维绘图不用。

④ "边（E）"：指设置对图形内部边进行修剪，输入"E"，则信息栏提示"输入隐含边延伸模式［延伸（E）/不延伸（N）/延伸］<延伸>"。

⑤ "删除（R）"：删除对象。

"修剪"命令就好比现实生活中的剪刀，可将不需要的线剪掉。图 7.56 所示两图是使用"剪切"命令前后的对比。

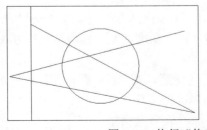
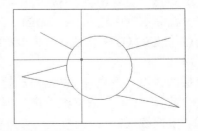

图 7.56　执行"修剪"命令前后对比

【例 7.16】将图 7.57 所示图形进行修剪操作。

（1）在命令行中输入"TR"，按回车键。

（2）选择要修剪的对象，右击。如果是"全部选择"则直接右击。

（3）右击后出现的信息栏如图 7.58 所示。

直接单击需要剪掉的对象即可，效果如图 7.59 所示。

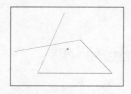

图 7.57　例 7.16 图

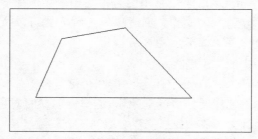

图 7.58　信息栏提示

图 7.59　修剪结果

使用"修剪"工具需要注意的是，一定要选全需要修剪的对象，如果只选一条线，则不会执行修剪命令。或者直接右击全部选择。

13. 倒角

"倒角"命令处理道路、铺装、花坛等拐弯处的细节。在园林设计中道路的交叉口处经常会用到倒角的处理。

通过以下 3 种方式可以执行"倒角"命令。

（1）选择"修改"→"倒角"命令。

（2）单击工具栏中的 按钮。

（3）在命令行中输入"Chamfer（CHA）"，按回车键。信息栏提示"选择第一条直线或［放弃（U）/多段线（P）/距离（D）/角度（A）/修剪（T）/方式（E）/多个（M）］"。

直接选择第一条直线，则信息栏提示选择第二条直线，即可完成倒角的修改。

①"放弃（U）"：放弃继续进行倒角修改的工作。

②"多段线（P）"：指直接对二维多线段的节点倒角。

③"距离（D）"：指限定倒角的直线长度，可以通过直接输入距离值或十字光标在绘图区捕捉两个端点完成。

④"角度（A）"：可限定其中一条直线的倒角角度。

⑤"修剪（T）"：指可以选择修剪模式进行倒角，输入"T"后，信息栏提示

"输入修剪模式选项［修剪（T）/不修剪（N）］<修剪>"。

⑥"方式（E）"：指限定修剪的参数方式，输入"E"，按回车键，则信息栏提示"输入修剪方法［距离（D）/角度（A）］<角度>：0"。

⑦"多个（M）"：指连续修剪多个倒角。

【例7.17】将图7.60所示的道路交叉口处进行倒角。

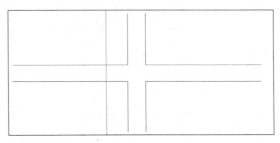

图7.60　例7.17图

（1）在命令行中输入"CHA"，按回车键。

出现的信息栏如图7.61所示。

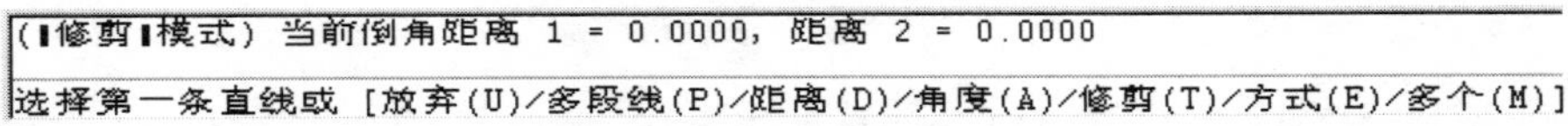

（I修剪I模式）当前倒角距离 1 = 0.0000, 距离 2 = 0.0000

选择第一条直线或 [放弃(U)/多段线(P)/距离(D)/角度(A)/修剪(T)/方式(E)/多个(M)]

图7.61　信息栏

（2）在出现的信息后输入"D"，修改倒角的距离，输入"20"，如图7.62所示。

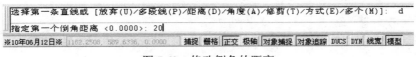

图7.62　修改倒角的距离

（3）根据提示，选择第一条直线，再选择第二条直线，出现图7.63所示的倒角效果。

14. 圆角

"圆角"命令与"倒角"命令很相似，只不过是对角点的处理方式不同，圆角一般用于道路交叉口的处理。

通过以下3种方式可以执行"圆角"命令。

（1）选择"修改"→"圆角"命令。

（2）单击工具栏中的 按钮。

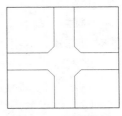

图7.63　倒角效果

（3）在命令行中输入"Fillet"，按回车键。

这时信息栏提示"选择第一个对象或［放弃（U）/多段线（P）/半径（R）/修建（T）/多个（M）］"。"半径（R）"指限定圆角圆弧的半径值来实现。有时候在执行圆形命令时会发现命令无法执行，这是因为圆角的默认执行半径太大或者太小。这时在命令行中输入"R"，然后根据图形的折角关系重新设置半径，则可完成"圆角"命令。

同样是修改两条线的交点，使之形成自然过渡，"圆角"的用法和"倒角"一致，只是二者的角点的效果有所不同，"倒角"的效果是将交点转变成一条斜线，而"圆角"是将交点转变成圆滑的弧线。

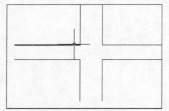

图 7.64　例 7.18 图

【例 7.18】将图 7.64 所示图形进行"圆角"操作。

（1）在命令行中输入"Fillet"，按回车键，执行"圆角"命令。

（2）出现如图 7.65 所示的信息栏。

选择第一个对象或 ［放弃(U)/多段线(P)/半径(R)/修剪(T)/多个(M)］:

图 7.65　信息栏

（3）输入"R"后回车，进行圆角半径的输入，输入圆的半径为"50"。在实际的绘图中，要根据绘制情况来输入半径的大小。

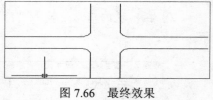

（4）分别选择需要"圆角"的两条线段，右击，在快捷菜单中选择"重复圆角"命令，然后再执行前面的操作。最后得出图 7.66 所示图形。

图 7.66　最终效果

15. 打断

"打断"命令用于线条的分解，可以将一条直线分解成两部分，还可以将闭合的对象打开。运用"打断"命令能方便地进行特殊图形的制作和编辑。

通过以下 3 种方式可以执行"打断"命令。

（1）选择"修改"→"打断"命令。

（2）单击工具栏中的□或□按钮。

（3）在命令行输入"Break"，按回车键。

在工具栏中"打断"图标有□和□，前者表示"选择打断于点"，后者表示"选择对象上的一段长度进行打断"。

执行"打断"命令后，信息栏提示"选择对象"，在绘图区单击选取修改对象，信息栏提示"指定第二个打断点或第一点（F）"。

　　移动光标捕捉对象上的另一点，则实现打断，若在上行命令中输入"F"，则实现打断的效果将发生变化。光标将重新捕捉打断的第一点，按回车键，信息栏提示指定打断的第二点。移动光标指定修改对象上另一点，最后的图形将缺失两次选取点中间的连续线段。

　　图 7.67 和图 7.68 所示的是两个打断按钮所显示的不同效果。

　　（1）□ 按钮执行"打断"命令是从形体上进行切割，只将对象从打断点分解成两部分，矩形图视图上并没有发生变化，只是从整体上被分割成了两部分。

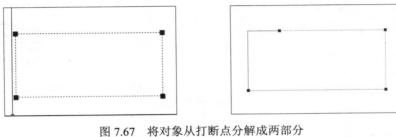

图 7.67　将对象从打断点分解成两部分

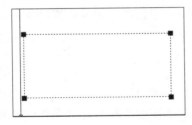
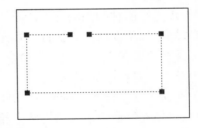

图 7.68　从对象上截取一段

　　（2）□ 按钮执行"打断"命令是从对象上截取一段，使对象割裂开来。

16. 分解

　　"分解"命令用于图形的分解，有很多图形都是闭合的曲线，如矩形、正多边形、圆形等。矩形和正多边形都是由多条直线边组成的，但是生成的矩形和正多边形并不能随意修改编辑，利用"分解"命令可以将这些图形分解成线段或弧线。还有一种情况就是成块的图形进行分解。关于"块"的操作在以后的章节中会讲到。

　　通过以下 3 种方式可以执行"分解"命令。

　　（1）选择"修改"→"分解"命令。

　　（2）单击工具栏中的 按钮。

　　（3）在命令行中输入"Explode"，按回车键。

　　信息栏提示"选择要分解的对象"，框选选择对象，按回车键，则信息栏提示"指定对角点，找到 1 个对象，按回车键"。

【例7.19】将图7.69所示图形进行分解。

（1）执行"分解"命令，单击图标，或者在命令行中输入"Explode"。

（2）选择需要"分解"的对象。

（3）右击或者按回车键，图形即被分解，如图7.70所示。

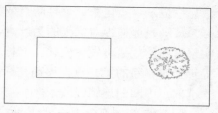

图7.69　例7.19图

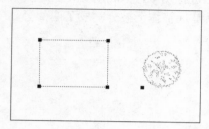
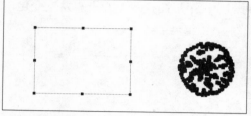

图7.70　图形被分解

17. 图案填充

图案填充是园林制图的常见命令，草坪、造型色块、铺装、水体等。

可以通过以下3种方式执行"填充"命令。

① 选择"绘图"→"填充"命令。

② 单击工具栏中的 按钮。

③ 在命令行中输入"Bhatch（BH/HE）"，按回车键。

执行"填充"命令后，绘图区会相应出现"图案填充和渐变色"对话框，如图7.71所示。

（1）图案填充

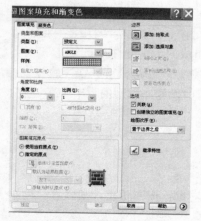

图7.71　"图案填充"对话框

图案填充一定要对每一部分都了解，才能正确地操作。在实际的绘图中，往往会出现无法填充的难题，所以请大家一定要认真地学习、了解本章节的详细内容。"图案填充"设置大致包括以下5大部分的内容。

1）类型和图案。

①"类型"：一般使用的是"预定义"类型，也可以单击"类型"下拉列表框的下拉按钮，使用用户定义或自定义的图案。一般"预定义"的内容已经足够用户使用。

②"图案"：单击"图案"下拉列表框右侧的浏览 按钮或者下方的"样例"栏中的图案，打

开"填充图案选项板"对话框，如图 7.72 所示。该对话框有 4 个标签，分别打开
会有 4 套图案供用户选择。

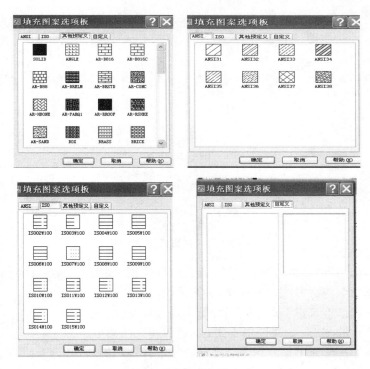

图 7.72　"填充图案选项板"对话框

其中"自定义"选项卡中可以自己进行图案的定义，在此不作为主要内容。
在图案的选项板中可任选一个填充图案样例，窗口就会出现这种图案，如图 7.73
所示。

2）角度和比例。

①"角度"：在"角度"下拉框中选择数
值，可以在填充时将图案进行倾斜。

②"比例"：在填充时根据图形调整比例
的大小，有时候填充时没有显示，这就需要调

图 7.73　"图案样例"选择

整填充的比例。在"比例"下拉列表框中选择或者输入比例数，通常要通过预览
的效果来调整，直到调整到合适的效果。有时候信息栏会提示"图案填充间距太
密，或短划尺寸太小。拾取或者按 Esc 键返回到快捷键菜单或<单击右键接受图案
填充>""无法对图案进行填充，拾取或按 Esc 键返回到快捷菜单或<单击右键接受
图案填充>"。

3）图案填充原点。"图案填充原点"包括"使用当前的原点"与"指定的原

点"两种设置方式。

图 7.74　使用当前的原点所示。

①"使用当前原点":指默认当前鼠标所在点为原点位置,如图 7.74 所示。

②"指定的原点":可通过单击以设置新原点。也可以选中"默认为边界范围"反选框,然后单击下拉按钮,从中选择"左下、右下、左正中"等方位。最后可选中"存储为默认原点"复选框,将本次设置保留,如图 7.75 所示。

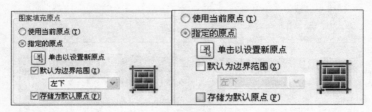

图 7.75　指定的原点

4)边界。指的是对填充边界的确定,有添加拾取点和添加选择对象两种方式,如图 7.76 所示。

①"添加:拾取点"指拾取闭合图形内部的一点。注意一定是闭合的图形,如果图形不闭合,边界将无法拾取。

②"添加:选择对象"指通过拖动鼠标选择图形的边界。该图形可以是一个对象,也可以是多个对象。

边界的确定与选择在图形的填充中是最难掌握的一点,由于园林图形绘图元素的复杂,往往计算机要经过很

图 7.76　"边界"选项卡

长时间的计算,有时候会出现"填充边界无效"以及死机的情况。下面将举例简要说明填充边界如何选择。

为最大限度地降低填充的难度,要注意以下几点。

① 要养成良好的绘图习惯,注意细节的处理,图形一定要做到完整,多用捕捉命令,做到边界绝对的闭合。

② 如果经过拾取边界的操作,仍不能如愿拾取边界,可以用一种方法,是该书作者经过多年制图工作得出的经验,就是用多段线命令沿着要填充的图案边界再重新勾出一个图形,这样这个图形就是一个整体,可以用"添加:选择对象"的方式来得出边界,方便进行填充。需要注意的是,有时候闭合的图形很复杂,比如说是一个自然式的水体,如图 7.77 所示。在勾图案时一定要仔细认真,最大限度地和要填充的图案相符。

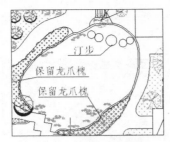

图 7.77　填充边界

【例 7.20】用多段线命令勾出下面图形填充的边界。

（1）需要填充的图形较复杂，用多段线命令勾出边界。

（2）执行"多段线"命令。

（3）沿着需要填充的边界进行勾描。

（4）用多段线命令勾描完成边界后用"添加：选择对象"的方式来选择边界将会非常方便图形的填充。

　　还有一点要注意的是，在填充图形时，一定要把填充的区域放大至满屏显示，这样计算机只对屏幕显示范围内的区域进行计算，这样可进一步减轻计算机的负担，加快运算速度。

　　经过以上的设置，选择填充边界后，按空格键或者回车键，单击"预览"按钮观察填充的效果，按空格键或回车键回到填充设置快捷菜单，单击"确定"按钮完成填充，如果效果不满意则可继续调整"图案填充和渐变色"对话框的参数设置，直到填充效果满意为止。填充的操作比较复杂，初学者一定要多加练习。

　　5）选项。选项设置包括"注释性""关联""创建独立的图案填充""绘图次序"等属性的设置。"继承特性"设置填充样式可以从已有的填充图案中进行选择。

　　（2）渐变色填充

　　打开"渐变色"填充选项卡，可以填充具有渐变变化的实体，如图 7.78 所示。执行"填充"命令即可打开该对话框。渐变色的应用极大地丰富了图面色彩。可以填充房屋建筑、水面等，更加接近平面效果图。

　　（1）颜色。"颜色"设置包括单色渐变和双色渐变。"单色"选项提供白色与选中色彩的渐变效果；"双色"选项是表现两种颜色的过渡渐变，类似于 PS 中的渐变效果。

　　（2）渐变预览。"渐变预览"可以显示渐变填充的效果。

　　（3）方向。"方向"可以控制渐变图形的色彩分

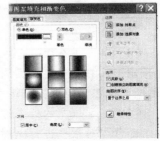

图 7.78　"渐变色"填充选项卡

布效果。选中"居中"复选框或通过在"角度"下拉列表框中输入角度值来改变
色彩分布的效果，如图 7.79 所示。

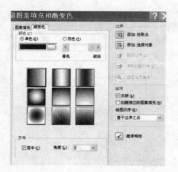

图 7.79　"渐变色"填充命令操作

【例 7.21】分别对图 7.80 所示的矩形进行图案的填充和渐变色的填充。

（1）在命令行中输入"H"，按回车键。

（2）打开"图案填充和渐变色"对话框。

（3）单击"样例"选项后的图案，出现"填充图案选项板"对话框，如图 7.81
所示。

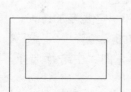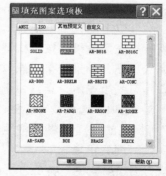

图 7.80　例 7.21 图　　　　　　　　图 7.81　"填充图案选项板"对话框

　　选择一个图案后单击"确定"按钮，回到"图案填充和渐变色"对话框。这
时"样例"选项后的图案就会显示选择的图案。

（4）单击"添加：选择对象"按钮拾取边界，这时鼠标变成"小方块"状态，
选择矩形后右击确定返回到"图案填充和渐变色"对话框，单击选项板最下方的
"预览"按钮，矩形出现填充的预览效果，如图 7.82 所示。

（5）感觉填充的效果过密，也就是比例不合适，按 Esc 键返回到"图案填充
和渐变色"对话框进行比例的修改。

（6）在"比例"下拉列表框中选择"2"，再次单击"预览"按钮，查看效果，

如图 7.83 所示。如效果满意，则单击"确定"按钮。

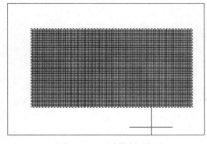

图 7.82 预览效果

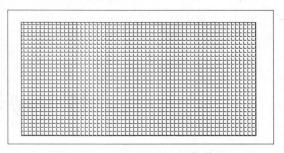

图 7.83 调整"比例"后的效果

（7）将填充图案删除后，再进行"渐变色"填充。首先在命令行输入"H"，按回车键，出现"图案填充和渐变色"对话框，打开"渐变色"选项卡。

（8）单击"颜色"选项后的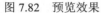图标，进行颜色的选择，如图 7.84 所示。

打开"选择颜色"对话框，可设置渐变色填充的样式，如图 7.85 所示。根据图形的要求选择一种，再选择"添加：选择对象"选择需要渐变色填充的矩形，进行预览，出现图 7.86 所示的效果。如效果满意则单击"确定"按钮即可完成渐变色的填充。

图 7.84 "颜色"选项区域

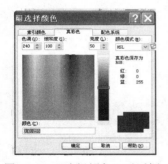

图 7.85 "选择颜色"对话框

图 7.86 预览效果

这 9 种渐变色填充方式可以填充出不同的效果，还可以在"方向"选项区域中选择"角度"来调整填充的效果。读者可以都试验一下效果。

第 8 章

图形辅助命令

通过以上章节介绍了绘制平面图纸的基本要素，以及修改编辑的方法，但是在一张平面图中不只有图形的一些文字的标注，尺寸的标注更加重要，包括一些表格的处理，如"苗木表""材料表"等。通过这些说明和标注，才能成为一张可以施工使用的图纸。本章主要内容是介绍文本、表格和尺寸标注的基本操作。

8.1 文 本 编 辑

1. 设置文本样式

学习过手绘施工图的读者应该能了解，工程图纸采用长仿宋字为标准字体，字体高度可以根据图幅和比例制订。通常有 20mm、14mm、10mm、7mm、5mm、3.5mm、2.5mm 等规格。

可以通过以下方式进行"文字样式"的操作。

（1）选择"格式"→"文字样式"命令。

（2）在工具栏中直接单击 **A** 按钮。

（3）在命令行中输入"T"。

执行了"文字样式"命令后会出现"文字样式"对话框，如图 8.1 所示。

新建文字样式的编辑有以下几个步骤。

（1）打开"文本样式"对话框。

（2）"样式名"选项区域中默认的样式为 Standard，单击"新建"按钮。

（3）输入新建文字的样式名，如"样式 1"，单击"确定"按钮。

图 8.1 "文字样式"对话框

（4）返回"文字样式"对话框，在"字体"选项区域中单击"SHX 字体"下拉列表框的下拉按钮，选择字体。

（5）在"高度"文本框中输入字体高度数值。

（6）文字的宽度设置在"效果"选项区域中，可对其进行宽高比的修改，从而改变文字的宽高比例。

（7）单击对话框中的"应用"按钮，保存文字样式，关闭对话框。

2. 单行文本输入

（1）在 AutoCAD 中，选择"绘图"→"文字"→"单行文字"命令，或者在命令行中输入"DT"，或者从辅助工具栏里单击单行文字输入图标 **A**，进入单行文字编写面板（"文字"工具栏可通过在工具栏上右击，在弹出的快捷菜单中选择"文字"命令调出）。单行文字命令执行后信息栏提示"指定文字的起点或［对正（J）/样式（S）]："。

（2）在绘图区拖动鼠标，指定文字的起点及高度；也可以选择直接按空格键或回车键，则信息栏提示"指定文字的高度<2.500>"。

（3）指定文字的高度为"500"（也可以通过鼠标直接在 AutoCAD 绘图面板拖动出线段长度为文字的高度），按空格键或回车键，信息栏提示"指定文字的旋转角度<0>："。

（4）指定文字的旋转角度为"0"，按空格键或者回车键。信息栏提示"指定文字的旋转角度<0>"。

（5）直接从命令行输入要求的文字"计算机制图"。

（6）移动光标，另起一行输入文字"园林计算机辅助制图"，与前一行对齐。

（7）同样方法，输入文字"AutoCAD 园林设计"，与前一行对齐。

3. 多行文本输入

选择"绘图"→"文字"→"多行文字"命令，执行"多行文字"命令。这时，在 AutoCAD 的绘图面板中出现活动光标，使用光标拖动出一个文字输入框，同时弹出"文字格式"工具栏，根据工具栏提供的信息设置相应的文字形式，然后通过键盘输入多行文字。也可以通过命令行的命令输入编辑多行文字的各种特征，包括"高度（H）/对正（J）/行距（L）/旋转（R）/样式（S）/宽度（W）"等。

8.2　表　　格

AutoCAD 2006 以上的版本开始，就具备了直接插入表格的功能，这极大地减少了园林设计绘图的时间和工作量。表格可以直接应用到苗木表制作和图纸标注的工作中。

1. 创建表格

"表格"命令可以通过以下两种方式执行。

（1）选择"绘图"→"表格"命令。

（2）单击工具栏中的▦按钮。

（3）通过命令行直接输入命令"Table"，打开"插入表格"对话框，如图 8.2 所示。

2. 设置表格样式

AutoCAD 园林种植制图中，必须有一个苗木表来标明苗木的品种、规格、数量、种植密度等，施工单位才能够根据苗木表进行苗木的放线、种植、苗木准备等工作。在铺装的施工图中也经常会用到材料表，标明材料的数量、规格、颜色等，这都需要表格的绘制。绘制表格可以用直线命令来执行，但是这样很繁琐，操作起来比较麻烦。下面介绍"表格"的编辑命令。

【例 8.1】 绘制一个 26 行 8 列的表格，并输入苗木的表的内容。

（1）根据上节所讲执行"表格"命令的方法，打开"插入表格"对话框。

（2）在"列和行设置"选项区域中进行设置。输入列"8"，列宽输入"40"，数据行输入"26"，行高输入"3"，如图 8.3 所示。

图 8.2 "插入表格"对话框   图 8.3 设置行和列

（3）单击"确定"按钮，在绘图区单击，出现如下文字命令，在文字行中输入"苗木表"后单击"文字格式"工具栏最右侧的"确定"按钮，如图 8.4 所示。

（4）出现如图 8.5 所示的苗木表。

（5）输入表头。

图 8.4 输入文字   图 8.5 苗木表

单击生成的表格，双击需要输入表头文字的表格框。在出现的"文字格式"工具栏中输入文字后单击"确定"按钮即可。

（6）如感觉列宽不合适，可以单击表格，拖动列的边线进行微调。

3. 表格样式的编辑

选择"格式"→"表格样式"命令，出现"表格样式"对话框，如图 8.6 所示。

单击"修改"按钮,弹出如图8.7所示的"修改表格样式"对话框。

(1)单击"文字样式"下拉列表框后的按钮,出现"文字样式"对话框,对表格内的文字进行"字体""高度"等的修改编辑。

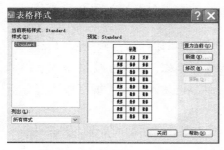

图8.6　"表格样式"对话框　　　　图8.7　"修改表格样式"对话框

(2)设置"填充颜色",表格将会填充颜色。

(3)进行"对齐"的选择,则会编辑表格文字的对齐方式。

图8.8　边框特性

(4)"边框特性"将会编辑边框的样式。将鼠标放在边框样式的图标上则会出现该图标的样式名称,如图8.8所示。

4. 修改表格样式

修改表格样式的操作如图8.9所示。

图8.9　修改填充颜色和对齐方式

8.3　尺　寸　标　注

尺寸标注是园林平面制图尤其是施工图的重要内容,是对图纸内容的注释。熟练地运用尺寸标注命令,可以为各种对象沿着各个方向创建标注,也可以方便快捷地以一定的格式创建符合工程图标准的标注。

在 AutoCAD 中,尺寸标注应该建立统一的同层,以控制尺寸的显示和隐藏,与其他的图线分开，便于修改和查询。在本书的讲解中，图形的绘制是 1:1 的比例，也就是在实际中是多大尺寸，图纸就是多大的尺寸，这样尺寸的标注就更加清晰和准确，即使在最后图框的设置和图纸的输出都调整了比例，尺寸的标注仍然是准确的。尺寸的标注要充分地了解和正确地运用对象捕捉功能，使获取的尺寸数值准确。

在 AutoCAD 中，尺寸标注的内容很多，包括快速标注、线性、对齐、弧长、坐标、半径、折弯、直线、角度、基线、连续、引线、公差、圆心标记等内容。在标注时直接选择需要的标注的样式，然后在 AutoCAD 绘图面板中选择要标注的对象即可自动生成标注尺寸。

标注的编辑很复杂，包括标注的箭头、字大小、文字位置、单位等各项内容，本书会在以下的章节中为读者做详细的介绍。

1. 尺寸组成

首先介绍一下尺寸标注的组成和基本格式，尺寸标注包括尺寸线、尺寸界线、尺寸箭头、尺寸数值 4 部分，如图 8.10 所示。

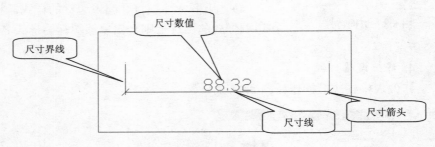

图 8.10　尺寸组成

标注之前要将这 4 部分设置好，再进行标注的操作。

2. 设置标注样式

在园林平面制图中，标注是有一定的格式的，箭头样式、文字位置和尺寸线等都要遵循制图的格式和样式。

在 AutoCAD 中，通过在工具栏上右击，在弹出的快捷菜单中选择"样式"命令，弹出如图 8.11 所示的"样式"工具栏，单击"标注样式"下拉列表框后的下拉按钮，在下拉列表中选择标注样式，也可以选择"格式"→"标注样式"命令，打开图 8.12 所示的"标注样式管理器"对话框进行新样式设定。

图 8.11　"样式"工具栏

在尺寸样式的设置中，常常涉及的有以下几个方面。

（1）设置标注尺寸的图形。

（2）新建标注样式。

（3）标注要素。

（4）标注文字。

（5）标注值。

（6）修改与调整尺寸标注。

3. 新建或修改尺寸样式

执行"修改标注尺寸"有以下几种方式。

① 选择"标注"→"标注样式"命令。

② 单击"样式"工具栏上的 按钮。

执行"标注修改"命令后，弹出"标注样式管理器"对话框，如图 8.12 所示。

弹出"标注样式管理器"对话框后，单击右侧的"修改"按钮，出现"修改标注样式"对话框，如图 8.13 所示。下面分别介绍各个选项卡的命令。

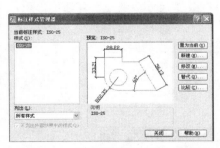

图 8.12 "标注样式管理器"对话框

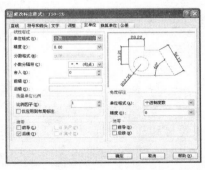

图 8.13 "修改标注样式"对话框

（1）"直线"选项卡

"直线"选项卡如图 8.14 所示。

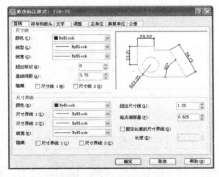

图 8.14 "直线"选项卡

1）尺寸线。尺寸的修改有以下几项内容。

①"颜色"：可在下拉列表中选择颜色，在默认情况下，尺寸线的颜色是随块或随层的。

②"线型"：和直线的线型一样，在下拉列表中选择，在默认情况下，"线型"是随块或者随层的。

③"线宽"：根据绘图环境选择适合的线宽，一般来说工程制图的标注线宽在0.3～0.6范围内。默认情况下，尺寸线线宽也是随层或者随块的。

④"超出标记"：指的是尺寸线超出尺寸界线的距离。

⑤"基线间距"：用于设置基线标准中各尺寸线之间的间距。

⑥"隐藏"：可以通过选中"尺寸线1"的线型或"尺寸线2"的线型复选框，可以隐藏尺寸线的一半或全部。

2）尺寸界线。在"尺寸界线"选项区域里，用户可以控制尺寸界线的特性，包括颜色、线宽、超出长度和偏移长度，可以控制尺寸界线以下几个方面的特性。

①"颜色"：可以在下拉列表中设置所需的尺寸界线颜色。

②"线宽"：可以在下拉列表中设置所需的尺寸界线宽度。

③"隐藏"：可以通过选中"尺寸界线1"或"尺寸界线2"复选框，可以隐藏尺寸界线的一半或全部。

④"超出尺寸线"：用于设置尺寸界线超出尺寸线的距离。

⑤"起点偏移量"：用于设置尺寸界线的起点与标注定义点的距离。

（2）"符号和箭头"选项卡

"符号和箭头"选项卡如图8.15所示。

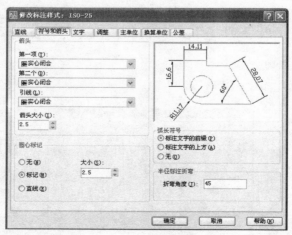

图8.15 "符号和箭头"选项卡

1）在"箭头"选项区域中，可以控制标注和引线中的箭头符号，包括其类型、尺寸和可见性。在"箭头"的下拉菜单中设置了20多种形式供读者进行选择设置，如图 8.16 所示。

在"箭头大小"微调框中可以输入数字来修改箭头的大小，如图 8.17 所示。

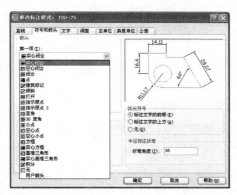

图 8.16　"箭头"选项区域

图 8.17　"箭头大小"微调框

2）"圆心标记"可以控制在标注圆的直径或半径时，是否在圆心设标记，如图 8.18 所示，选中"无"单选按钮则不作任何标记；选中"标记"单选按钮，对圆或圆弧绘制圆心标记；选中"直线"单选按钮，对圆或圆弧绘制直线的圆心标记。

"大小"微调框用于设置圆心标记的大小。

3）在"弧长符号"选项区域中，可以设置弧长符号的 3 种位置。如图 8.19 所示，选中"标注文字的前缀"单选按钮，表示弧长符号位于文字的前部；选中"标记文字的上方"单选按钮，表示弧长符号位于文字的上部；选中"无"单选按钮，则弧长符号不存在。

图 8.18　"圆心标记"选项区域

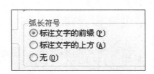

图 8.19　"弧长符号"选项区域

4）在"半径标注折弯"选项区域中，可以调节半径的折弯角度。

（3）"文字"选项卡

在"修改标注样式"对话框中，"文字"选项卡主要包括文字外观、文字位置和文字对齐，如图 8.20 所示。

1）"文字外观"的设置。

①"文字样式"：打开后面的下拉列表，选择一

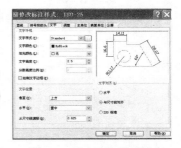

图 8.20　"文字"选项卡

个样式。然后单击其后的  按钮，打开"文字样式"对话框，如图 8.21 所示。选择字体的样式、高度。还可以在"效果"选项区域中设置"宽高比例"和"倾斜角度"，设置出诸如"长仿宋体""斜体字"等特殊效果的文字。

②"文字颜色"下拉列表框：可以设置标注文字的颜色。

③"填充颜色"下拉列表框：可以设置标注文字所占空间的填充颜色。

注意："文字颜色"与"填充颜色"有很大的不同点，前者是修改字的颜色，后者是修改字所在空间的颜色。

④"文字高度"微调框：用于设置标注文字的高度。

⑤"分数高度比例"微调框：用于设置标注文字中的分数相对于其他标注文字的比例。该比例值与标注文字高度的乘积作为分数的高度。

⑥"绘制文字边框"复选框：用于设置是否给标注的文字加边框。

2）"文字位置"的设置。在"文字位置"选项区域中，可以设置文字的垂直、水平位置及尺寸线的偏移量，如图 8.22 所示。

图 8.21 "文字样式"对话框

图 8.22 "文字位置"选项区域

①"垂直"下拉列表框：用于设置相对于尺寸线在垂直方向上的文章位置。可以将文字位置设置在尺寸线的上方、下方或居中。在 JIS 选项中，则按 JIS 规则放置标注文字。

②"水平"下拉列表框：用于设置与尺寸界线相关的尺寸线上水平方向的文字位置。其中有"置中""第一条尺寸线""第二条尺寸线""第一条尺寸界线上方"及"第二条尺寸界线上方"选项。

③"从尺寸线偏移"微调框：用于设置标注文字与尺寸线之间的距离。如果标注文字位于尺寸线的中间，则表示尺寸线断开处的端点与尺寸文字的间距；如果标注文字带有边框，则表示控制文字边框与其文字的距离。

图 8.23 "文字对齐"选项区域

3）"文字对齐"的设置。在"文字对齐"选项区域中，不论文字在尺寸界线之内还是之外，都可以选择文字与尺寸线是否对齐或保持水平，如图 8.23 所示。

①"水平"单选按钮：使标注的文字水平放置。

②"与尺寸线对齐"单选按钮：使标注文字方向与尺寸线平行。

③"ISO 标准"单选按钮：使标注文字按 ISO 标准放置。当标注文字在尺寸界线之内时，它的方向与尺寸线一样；而如果在尺寸界线之外时，它的方向将为水平放置。

（4）"调整"选项卡

调整选项卡主要包括调整选项、文字位置、标注特征比例及优化，如图 8.24 所示。

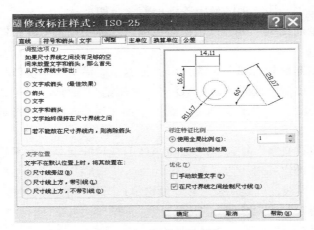

图 8.24　"调整"选项卡

1）"调整选项"的设置。在"调整选项"选项区域中，如果尺寸界线之间没有足够的空间同时放置尺寸文字和箭头，那么应首先从尺寸界线移出文字或者箭头。该选项区域中各选项的意义如下。

①"文字或箭头（最佳效果）"单选按钮：默认状态下，由 AutoCAD 按照最佳效果自动移出文本或箭头，即如果空间允许，把尺寸文本和箭头都放在两尺寸界线之间；如果两尺寸界线之间只够放置文本，则把文本放在尺寸界线之间，而移出箭头；如果只够放置箭头，则把箭头放在里面，而把文本移出；如果两尺寸界线之间文本和箭头都放不下，则把文本和箭头均放在外面。

②"箭头"单选按钮：表示如果空间不允许，首先将箭头移出。

③"文字"单选按钮：表示如果空间不允许，首先将文字移出。

④"文字和箭头"单选按钮：表示如果空间不允许，将文字和箭头都移出。

⑤"文字始终保持在尺寸界线之外"单选按钮：表示将文本始终保持在尺寸界线之内。

⑥"若不能放在尺寸界线内，则消除箭头"复选框：启用后，尺寸界线之间的空间不够时可以抑制箭头的显示。

2）"文字位置"的设置。在"文字位置"选项区域中，可以设置当文字不在默认位置时的位置。该选项区域中各选项的意义如下。

①"尺寸线旁边"单选按钮：把尺寸文本置于尺寸线的一侧。

②"尺寸线上方，带引线"单选按钮：把尺寸文本置于尺寸线的上方，并用引线与尺寸线相连。

③"尺寸线上方，不带引线"单选按钮：把尺寸文本置于尺寸线的上方，不加引线。

3）"标注特性比例"的设置。在"标注特性比例"选项区域中，可以设置标注尺寸的特性比例。该选项区域中各选项的意义如下。

①"使用全局比例"单选按钮：对全部尺寸标注设置缩放比例，该比例不改变尺寸的测量值。

②"将标注缩放到布局"单选按钮：根据当前模型空间视口与图纸空间之间的缩放关系设置比例，此时 AutoCAD 将系统变量 Dimscale 的值为"0"。

4）"优化"设置。"优化"选项区域用于标注尺寸时进行附加调整。该选项组中各选项的意义如下。

①"手动放置文字"复选框：AutoCAD 忽视尺寸文字的水平设置，可以手动定位标注文字并确定其对齐方式和方向。

②"在尺寸界线之间绘制尺寸线"复选框：当尺寸箭头放置在尺寸线之外时，在尺寸界线之内绘制出尺寸线。

（5）"主单位"选项卡

在"修改标注样式"对话框中，"主单位"选项卡用来设置主单位的格式与精度以及尺寸文字的前缀和后缀，如图 8.25 所示。

图 8.25 "主单位"选项卡

1）"线性标注"的设置。在"线性标注"选项区域中，可以设置线性标注的单位格式与精度等，该选项区域中可以做如下设置。

①"单位格式"下拉列表框：用于设置除角度标注外，其余各标注类型的尺寸单位，有"科学""小数""工程""建筑""分数""Windows 桌面"6 种类型。

②"精度"下拉列表框：用于设置除角度标注之外的其他标注的尺寸精度。

注意："精度"的确定根据"单位格式"的类型进行变化。

一般在标注中选择"小数格式"，那就以它为例：精度中"0.0"代表保留小数后一位；"0.00"：代表保留小数点后两位……依次类推。保留位数越多当然精度越高。

③"分数格式"下拉列表框：当"单位格式"为"建筑"或"分数"时，才可以设置，包括"水平""对角"和"非堆叠"3 个选项。

④"小数分隔符"下拉列表框：用于设置小数的分隔符，包括"句点""逗点""空格"3 个选项。一般会选择"句点"选项，比较符合数学中小数点的表示方式。

⑤"舍入"微调框：用于设置除角度标注外的尺寸测量值的舍入值，可以对除角度标注外的所有标注值进行舍入处理。例如：指定舍入值为"0.25"，则所有的距离都舍入到最接近 0.25 单位的值。

⑥"前缀"和"后缀"文本框：用于设置标注文字的前缀和后缀，用户直接在相应的文本框中输入字符即可。

2)"测量单位比例"的设置。"测量单位比例"选项区域用于确定 AutoCAD 自动测量尺寸的比例因子。"比例因子"微调框可以设置测量尺寸的缩放比例，AutoCAD 中显示的测量值等于测量值乘以选定的比例；选中"仅应用到布局标注"复选框，可以设置该比例是否仅适用于布局。

3)"消零"的设置。左侧的"消零"选项区域用于设置是否省略标注尺寸时的"0"，包括"前导"和"后续"两个复选框。如果不显示十进制标注中的前导零，"0.800"表示为"0.8"；如果不显示前导零和后续零，则"0.800"将表示为".8"，"0.000"将表示为"0"。

4)"角度标注"的设置。在"角度标注"选项区域中，可以设置角度标注的单位格式与精度。该选项区域中各选项的意义如下。

①"单位格式"下拉列表框：设置标注角度时的单位，有"十进制角度""度/分/秒""百分度""弧度"4 种角度单位。

②"精度"下拉列表框：设置标注角度的尺寸标注精度。

5)"消零"。右侧的"消零"选项区域，针对角度标注的运用，用于设置是否省略角度尺寸标注时的"0"，包括"前导"和"后续"两个复选框。

（6）"换算单位"选项卡

在"修改标注样式"对话框中，"换算单位"选项卡可以设置换算单位的格式，如图 8.26 所示。

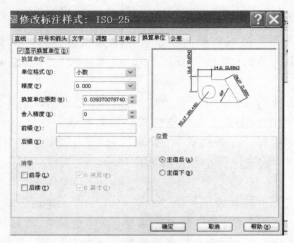

图 8.26 "换算单位"选项卡

在"换算单位"选项卡中，可以同时创建两种测量系统的标注。此特性常用于将英尺和英尺标注添加到使用公制单位创建的图形中，标注文字的换算单位用方括号"[ ]"括起来。

提示：不能够将"换算单位"应用到角度标注。

在编辑线性标注时，选中"显示换算单位"复选框，就可以在"换算单位""消零"及"位置"选项区域中设置相关的内容。

"换算单位"和"消零"选项区域中的内容处理方法同设置主单位的方法。不同的是"换算单位乘数"指定的换算比例值应该乘以测量值。该值表示每一当前测量值单位相当于多少换算单位，英制单位的默认值是"25.4"，是指每英寸相当于多少毫米；公制单位的默认值是"0.039 4"，是指每毫米相当于多少英寸，小数位数取决于换算单位的精度值。

"位置"选项区域用于设置换算单位的位置，包括"主值后"和"主值下"两个单选按钮。

（7）"公差"选项卡

在"修改标注样式"对话框中，最后一项是"公差"选项卡。尺寸公差是表示测量的距离可以变动的数目的值，可以通过该选项卡来控制是否显示尺寸公差，还可以从多种公差样式中进行选择。

1）"公差格式"的设置。"公差格式"选项组用于控制公差值相对于诸标注文字的垂直位置，可以将公差与标注文字的上、中、下位置对齐，如图 8.27 所示。

①"方式"下拉列表框：确定以何种方式标注公差，包括"无""对称""极限偏差""极限尺寸"和"基本尺寸"选项。

②"精度"下拉列表框：用于设置尺寸公差的精度，影响到小数点后面的精度。

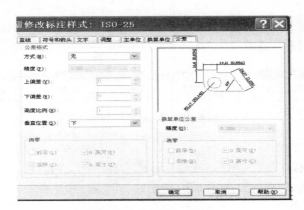

图 8.27 "公差"选项卡

③"上偏差"微调框：用于设置尺寸的上偏差，只能在"对称""极限偏差"和"极限尺寸"方式中使用。

④"下偏差"微调框：用于设置尺寸的下偏差，只能在"极限偏差"和"极限尺寸"方式中使用。

⑤"高度比例"微调框：用于确定公差文字的高度比例因子，该比例因子与尺寸文字高度之积作为公差文字的高度。

⑥"垂直位置"下拉列表框：用于控制公差文字相对于尺寸文字的位置，包括"下""中""上"3 种方式。

2）"消零"的设置。消除尺寸公差中的 0 与在主单位和换算单位中消零的效果相同。如果不输出前导零，则"0.5"表示为".5"；如果不输出后续零，则"0.500 00"表示为"0.5"。

3）"换算单位公差"的设置。只有在"换算单位"选项卡中选中"显示换算单位"复选框后，才能在"公差"选项卡中修改"换算单位公差"的内容，确定换算单位公差的精度和是否消零。

4. 替代当前标注样式

在上节的标注样式设置中，单击"替代"按钮，弹出"修改标注样式"对话框，其设置方式也同新建和修改标注样式的设置一致。

5. 标注样式比较

在标注样式设置中，还有比较标注样式的选项，单击"比较"按钮，打开"比较标注样式"对话框，即可对 AutoCAD 系统中存在的标注样式对照比较，如图 8.28 所示。

6. 标注方法

在工具栏中击，在弹出的快捷菜单中选择

图 8.28 比较标注样式

"标注"命令，则弹出"标注"工具栏，如图 8.29 所示。常用的标注工具有"线性""对齐""半径""直径""角度"标注等。

图 8.29 "标注"工具栏

（1）线性标注

单击"线性标注" ⊓ 按钮，线性标注适合标注正交的直线。捕捉住直线的两个端点即可进行线性标注，如图 8.30 所示。

（2）对齐标注

单击"对齐标注" ⅓ 按钮，对齐标注适合标注斜线的尺寸。捕捉住斜线的两个端点，进行尺寸的标注，如图 8.31 所示。

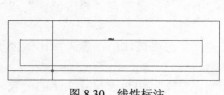

图 8.30 线性标注

图 8.31 对齐标注

（3）半径、直径标注

单击"半径" ⊙ 或"直径" ⊙ 按钮，捕捉住圆周上的一点即可进行半径或直径的标注，如图 8.32 所示。

（4）角度标注

单击"角度标注" △ 按钮，单击角的两条边，即可得到角度的标注，如图 8.33 所示。

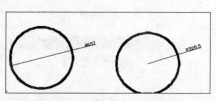

图 8.32 直径、半径标注

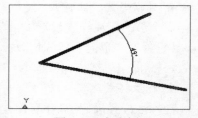

图 8.33 角度标注

（5）快速标注

选择"标注"→"快速标注"命令，或在"标注"工具栏中单击"快速标注"按钮，都可以快速创建成组的基线、连续、阶梯和坐标标注，快速标注多个圆、圆弧，以及编辑现有标注的布局。

执行"快速标注"命令，并选择需要标注尺寸的各图形对象后，命令行提示"指定尺寸线位置或［连续（C）/并列（S）/基线（B）/坐标（O）/半径（R）/直径（D）/基准点（P）/编辑（E）/设置（T）］ ＜连续＞:"。

由此可见，使用该命令可以进行"连续（C）""并列（S）""基线（B）"坐标（O）""半径（R）"及"直径（D）"等一系列标注。

（6）标注间距和标注打断

选择"标注"→"标注间距"命令，或在"标注"工具栏中单击"标注间距"按钮，可以修改已经标注的图形中的标注线的位置间距大小。

（7）尺寸关联

尺寸关联是指所标注尺寸与被标注对象有关联关系。如果标注的尺寸值是按自动测量值标注，且尺寸标注是按尺寸关联模式标注的，那么改变被标注对象的大小后相应的标注尺寸也将发生改变，即尺寸界线、尺寸线的位置都将改变到相应的新位置，尺寸值也改变成新测量值。反之，改变尺寸界线起始点的位置，尺寸值也会发生相应的变化。

第 9 章

块操作及应用

9.1 块 的 认 识

在绘制园林图纸的过程中，经常会遇到重复绘制图形的情况，如树木的绘制，园林小品、铺地图案、模纹花坛等，这样就可以将这些图形制作成块，方便使用。

块是指一个或多个对象的集合。园林制图中常用块来简化绘图过程并进行系统任务的组织，将一个至若干个图形对象集合成为一个集体，并给以特定的名称，附以特定的属性，在需要的时候提取出来，插入到图形中去。块不仅可以包含多个图形对象，也可以将一个图形文件定义为块而插入到另一个绘图文件中。

在图形中插入块是对块的引用，因为在绘图文件中只是保留块的引用信息和定义，即只记录了块名、块插入点、块旋转角和块缩放信息等简单内容，因而只占用很小的空间，然而使用"插入块"命令却能反复进行插入和点缀。特别是在同一文件中多次使用一个块时，可以节省重复劳动的时间和精力，为绘图减少很多麻烦。当然，块也可以进行一定的编辑或者附加属性，为外部程序和制订的格式提取图形中的数据资料。

在园林制图中块的编辑操作有以下的优点。

首先，进行块的定义有助于建立图形库。在绘图中常常将重复使用的一些植物图形设立成块，并加以储存，作为资源共享。这样不仅在一次制图中可以自由运用，多次绘图中也可以根据需要进行应用，它还有一个重要的应用就是可以进行块的快速选择，这样将每一种植物定义成块，就可以极大地提高统计植物量的工作。

其次，对于复杂的图形，因为图形元素较多，在运用时需要记住的图形数据较多，而将复杂图形定义为块，多个图形元素就转变成了一个图形对象，从而节省存储空间。

再次，定义块可以方便地提取块属性，块的属性可以隐藏或显示，还可以提取出来，转换至外部数据库进行管理，在需要的时候将其提取出来，统一运用和查看，形成较完善的绘图资料库。

1. 创建块

块可以分为内部块和外部块，在绘图过程中直接定义的块属于内部块；将块定义为一个图形文件，让所有的绘图文件都可以使用，并定义属性，这种形式是外部块。

块的创建命令为"Block"，还可以通过选择"绘图"→"块"→"创建"命令和命令行输入"Block（B）"执行，也可以通过直接单击工具栏中的创建块按钮执行，执行"块"命令后，弹出如图 9.1 所示的"块定义"对话框。对话框中所有的命令介绍如下。

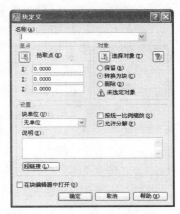

图 9.1　"块定义"对话框

（1）"名称"是指输入要创建的块的名称，块的名称定义要明确、容易理解与记忆，便于以后使用时进行识别。

（2）"基点"是指定块的捕捉基点，可以通过单击"拾取点"按钮在绘图区直接指定，也可以通过输入 X、Y、Z 的坐标点的值设定。

（3）"对象"同"基点"一样，可以通过在屏幕上框选或连续选择圈定图形为块的对象。

①"保留"：指定义为块以后仍然保留源对象及其属性。

②"转换为块"：指定义块后将源对象也转换为块的属性。

③"删除"：指定义为块以后直接删除源对象。

④"未选定对象"：如果还没有选择要定义块的对象，则对话框提示"选择对象"提醒用户选择对象，选择对象后，按空格键或回车键回到对话框，提示为"选择 N 个对象"。

（4）"设置"用于设置块的其他操作属性，如块的尺寸标准，有 20 多种尺寸标准可以提供选择，单击下拉菜单选择常用的 mm 选项；还包括是否执行超链接等。

（5）"说明"用于为块添加特别说明和资料信息。

2. 写块

"写块"用于创建外部块，通过块命令创建的块只能存在于定义该块的图形文件中，如果要在其他的图形文件中使用，则需要建立块文件存储于 AutoCAD 系统中，这样一来该块既可以被其他图形文件使用，也可以单独打开，熟练掌握"写块"的方法对于需要长期绘图且使用固定计算机的人具有很大的意义。

图 9.2　"写块"对话框

"写块"通过"Wblock（W）"命令，按空格键或者回车键，弹出如图 9.2 所示的"写块"对话框。下面就每个选项做一简介。

（1）"整个图形"：指以当前所绘制的整个图形作

为写块的源，将当前整个绘图文件创建为一个外部块。

（2）"对象"：指从当前的绘图文件中选择对象来创建外部块，这样就可以在接下来的操作中设定基点并选择对象。

（3）"基点"为定义写块的基点，可以选择单击"拾取点"按钮回到绘图区屏幕上选择基点，也可以直接输入坐标值。

（4）"对象"是指定义块所包含的对象，可以通过单击 按钮回到绘图区，从屏幕上重新选择对象，对象确定后的设置方式有以下 3 种。

① "保留"：在选择了写块的对象后，保留源对象。

② "转换为块"：指定义块后将源对象也转换为块的属性。

③ "删除"：指定义为块以后直接删除源对象。

（5）"目标"用来选择保存块的文件名和路径，可以单击后面的"浏览"按钮选择路径。"插入单位"下拉列表框用于选择单位，通常用到的单位为 mm。

设置完成后单击"确定"按钮。外部块创建后，就可以在其他图形绘制中调出刚刚设置的块进行应用了。

9.2　块的属性及编辑

在一个图形文件中引用另一图形的方法有两种，一是插入块的形式，另一种形式就是利用外部参照插入。插入块操作时会带上块在最初设置时的一些特征，因为图形设置不同，原来的块插入当前图形中有可能比例或形态发生变化，这与创建块时的属性设置有关。块的属性是指块的各种信息，是附加在块上的文字限定内容，在运行块命令时可以显示或不显示。一般来说，块的属性分为固定值和可变值属性，若为可变值属性，则会在用户插入块时提示输入值。

1. 块的属性定义

定义块属性能方便块在图形文件中的输入与编辑及对块的储存。属性定义有以下两种方法。

① 选择"绘图"→"块"→"定义属性"命令。

② 命令行输入"Attdef/Ddattdef（ATT）"，按空格键或回车键。

图 9.3　"属性定义"对话框

执行该命令后，弹出如图 9.3 所示的"属性定义"对话框，其中各项设置的意义如下。

（1）"模式"是指通过 4 项复选项选择设定属性模式。

① "不可见"：指运用块的属性选择设定属性模式。

② "固定"：指运用块的属性是显示固定格式。

③ "验证"：指可验证。

④"预置":指预置属性模式。

（2）"锁定块中的位置"是指锁定设置。

（3）"插入点"是指设定属性的插入点，通过在绘图区屏幕中指定或从下方的X、Y、Z 坐标中输入值确定。

（4）"文字选项"主要是控制属性文本的性质。

①"对正":在其后侧的下拉列表中包含了所有属性文字的文本对正类型，单击下拉按钮，选择合适的对正方式。

②"文字样式":指属性文字的样式，单击其后的下拉按钮，可以选择合适的文字样式。

③"高度":指控制属性文字的高度。

④"旋转":控制文字的旋转，可以通过"旋转"按钮回到绘图区屏幕上拉动光标指定旋转，也可以在其后侧的文本框中输入旋转角度。

（5）"在上一个属性定义下对齐"，将属性标记直接置于定义的上一个属性的下面。如果之前没有创建属性定义，则此复选框不可用。选中该复选框后则定义与前一个属性性质一致。

园林设计中植物图例应用很多，在定义某一植物图例为块并进行储存时，就要用到块的属性。比如在定义不同植物图例的块时，可以把植物的胸径、冠幅、高度等资料作为块的属性储存起来，当绘图中需要进行树木统计时，就可以直接提取块的属性，然后以表格的形式输出，从而统计出不同植物的株数并直接统计。当然，这个表格可以单独编辑和打印，也可以作为平面图的一部分一起打印。

【例 9.1】对图 9.4 所示的植物图例进行块属性的定义操作。

（1）利用圆形、弧形、样条曲线等命令绘制一个植物图例。

（2）执行块属性命令，打开"属性定义"对话框，如图 9.5 所示。

（3）首先建立属性文本的文字样式，在"文字选项"选项区域中的"文字样式"下拉列表框中选择 DIM 选项。这样定义完成后的块就成为了具有属性的块，可通过双击块图形查看。

图 9.4　植物图例

图 9.5　"属性定义"对话框

2. 块的属性修改

块的属性设置后，如果需要修改，可通过"块属性管理器"修改。

通过以下 3 种方式可以执行该命令。

图 9.6 "块属性管理器"对话框

（1）选择"修改"→"对象"→"属性"→"块属性管理器"命令。

（2）命令行输入"Battman"，按空格键或回车键。

这时弹出"块属性管理器"对话框，如图 9.6 所示，选择需要修改的块对象属性栏，单击"编辑"按钮进行属性设置的编辑，包括显示属性、文字选项、特性三方面的编辑。

3. 使用 ATTEXT 命令提取属性

AutoCAD 的块及其属性中含有大量的数据。例如，块的名字、块的插入点坐标、插入比例、各个属性的值等。可以根据需要将这些数据提取出来，并将它们写入到文件中作为数据文件保存起来，以供其他高级语言程序分析使用，也可以传送给数据库。

4. 使用"数据提取"向导提取属性

在 AutoCAD 2007 中，选择"工具"→"数据提取"命令（EATTEXT），打开"数据提取"向导对话框，该对话框将以向导形式帮助提取图形中块的属性数据。

5. 使用外部参照

外部参照与块有相似的地方，但它们的主要区别是：一旦插入了块，该块就永久性地插入到当前图形中，成为当前图形的一部分。而以外部参照方式将图形插入到某一图形（称之为主图形）后，被插入图形文件的信息并不直接加入到主图形中，主图形只是记录参照的关系。例如，参照图形文件的路径等信息。另外，对主图形的操作不会改变外部参照图形文件的内容。当打开具有外部参照的图形时，系统会自动把各外部参照图形文件重新调入内存并在当前图形中显示出来。

6. 附着外部参照

选择"插入"→"外部参照"命令（External References），将打开"外部参照"对话框。在对话框上单击"附着 DWG"按钮或在"参照"工具栏中单击"附着外部参照"按钮，都可以打开"选择参照文件"对话框。选择参照文件后，将打开"外部参照"对话框，利用该对话框可以将图形文件以外部参照的形式插入到当前图形中。

7. 插入 DWG、DWF 参考底图

在 AutoCAD 2007 中新增了插入 DWG、DWF、DGN 参考底图的功能，该类功能和附着外部参照功能相同，用户可以在"插入"菜单中选择相关命令。选择"插

入"→"DWF 参考底图"命令，在文档中插入 DWF 格式的外部参照文件。

8. 管理外部参照

在 AutoCAD 2007 中，用户可以在"外部参照"对话框中对外部参照进行编辑和管理。用户单击对话框中的"附着外部参照"按钮可以添加不同格式的外部参照文件；在对话框中的"外部参照"列表框中显示当前图形中各个外部参照文件名称；选择任意一个外部参照文件后，在"详细信息"选项区域中会显示该外部参照的名称、加载状态、文件大小、参照类型、参照日期及参照文件的存储路径等内容。

9. 参照管理器

AutoCAD 图形可以参照多种外部文件，包括图形、文字字体、图像和打印配置。这些参照文件的路径保存在每个 AutoCAD 图形中。有时可能需要将图形文件或它们参照的文件移动到其他文件夹或其他磁盘驱动器中，这时就需要更新保存的参照路径。

9.3　查询工具

AutoCAD 2007 中专门提供了可以查询距离、面积、质量特性、坐标点、时间、状态、变量等的工具。在绘图的过程中常常需要对图纸进行确认和鉴定，少不了"查询"命令的应用。

选择"工具"→"查询"命令，即可进入需要查询的内容选择。

1. 点坐标查询

有以下 3 种方法执行点坐标的查询命令。

（1）单击"查询"工具栏中的"定位点"按钮。在执行之前，需要打开"查询"工具栏，右击绘图区上方的标准工具栏，在弹出的快捷菜单中选择"查询"命令，则出现"查询"工具栏。

（2）选择"工具"→"查询"→"点坐标"命令。

（3）命令行输入"id"，然后指定点，按空格键或回车键，命令行即提示坐标点位置。

2. 距离查询

有以下 3 种方法执行距离查询命令。

（1）单击"查询"工具栏中的"距离"按钮。

（2）选择"工具"→"查询"→"距离"命令。

（3）命令行输入"DIST"，指定第一点和第二点，按空格键或回车键完成。

在查询的时候为了精确查询距离值，应单击"捕捉"按钮，这样所查询的数据才会准确。

从 AutoCAD 2007 绘图面板中捕捉两点之间的距离，在信息栏 AutoCAD 中直接显示两点之间的直线距离，X 轴向的增量值、Y 轴向的增量值，还会显示直线的三维坐标关系。

3. 面积查询

同样有 3 种方法执行面积查询命令。

（1）单击"查询"工具栏中的"面积"按钮。

（2）选择"工具"→"查询"→"面积"命令。

（3）命令行输入"Area"，按空格键或回车键。

这时信息栏提示"指定第一个角点或［对象（O）/加（A）/减（S）］："，出现"面积查询"对话框，根据信息栏提示可知有 4 种查询的方式，默认的方式是用逐一捕捉封闭的各个角点的方法，注意打开"捕捉"按钮，按顺时针或逆时针顺序单击需要测量的图形的各个顶点，最后回到出发点，按空格键或回车键结束，即在命令行中清楚地显示面积的相关参数。如：面积=856.123，周长=85.23。如果需要查询面积的对象是规则的几何封闭图形或者由多义线、平滑多义线等连续绘制而成的封闭图形，可以直接通过对象勾选的方式直接查询面积，选择"查询"命令后，在命令行中输入"O"即"选择对象"，光标即变为选择的四边形框，捕捉到相应的对象即可。

还可以进行查询面积相加的工作，如果需要查询的是多个对象的和，则在执行"查询"命令后，在命令行输入"A"即出现"加模式"，信息栏提示"（加模式选择对象）"，逐一地点击需要相加的图形面积，即可最后得出面积之和。同样命令行中输入"S"，可以进行面积的相减。

4. 查询面域/质量特性

面域/质量特性主要用于查询面的特性及体积特性，用于三维制作的过程中。通过以下 3 种方法可以执行该命令。

（1）单击"查询"工具栏中的"面域/质量特性"按钮。

（2）选择"工具"→"查询"→"面域/质量特性"命令。

（3）命令行输入"Massprop"，按空格键或回车键。

5. 列表查询

通过以下 3 种方法可以执行"列表查询"命令。

（1）单击"查询"工具栏中的"列表"按钮。

（2）选择"工具"→"查询"→"列表"命令。

（3）命令行输入"List"，选中表格，按空格键或回车键，则出现表格的基本信息图框。

其他查询工具的使用与此工具的道理一样，在此不再赘述。

第 10 章

图 纸 输 出

AutoCAD 2007 提供了图形输入与输出接口。不仅可以将其他应用程序中处理好的数据传送给 AutoCAD，以显示其图形，还可以将在 AutoCAD 中绘制好的图形打印出来，或者把它们的信息传送给其他应用程序。

此外，为了适应互联网的快速发展，使用户能够快速有效地共享设计信息，AutoCAD 2007 强化了其 Internet 功能，使其与互联网相关的操作更加方便、高效，可以创建 Web 格式的文件（DWF），以及发布 AutoCAD 图形文件到 Web 页。

本章主要介绍以下内容。

- 了解图形输入输出的方法。
- 掌握模型空间与图形空间之间切换的方法。
- 掌握创建布局、设置布局页面的方法。
- 掌握使用浮动视口观察图形的方法。
- 掌握 AutoCAD 图纸打印的方法。
- 掌握模拟打印的方法。

10.1 图形的输入输出

AutoCAD 2007 除了可以打开和保存 DWG 格式的图形文件外，还可以导入或导出其他格式的图形。主要包括以下内容：输入与输出 DXF 文件，插入 OLE 对象。

1. 导入图形

在 AutoCAD 2007 中选择"文件"→"输入"命令，或在"插入点"工具栏中单击"输入"按钮，都将打开"输入文件"对话框。在其中的"文件类型"下拉列表框中可以看到，系统允许输入"图元文件"、ACIS 及 3D Studio 图形格式的文件。

2. 输入与输出 DXF 文件

DXF 格式文件即图形交换文件，可以把图形保存为 DXF 格式，也可以打开 DXF 格式的文件。

3. 输出图形

选择"文件"→"输出"命令，打开"输出数据"对话框。可以在"保存于"下拉列表框中设置文件输出的路径，在"文件名"文本框中输入文件名称，在"文件类型"下拉列表框中选择文件的输出类型，如"图元文件"、ACIS、"平版印刷""封装 PS""DXX 提取""位图"3D Studio 及"块"等。

设置了文件的输出路径、名称及文件类型后，单击对话框中的"保存"按钮，将切换到绘图窗口中，可以选择需要以指定格式保存的对象。

10.2 创建和管理布局

在 AutoCAD 2007 中，可以创建多种布局，每个布局都代表一张单独的打印输出图纸。创建新布局后就可以在布局中创建浮动视口。视口中的各个视图可以使用不同的打印比例，并能够控制视口中图层的可见性。

1. 使用布局向导创建布局

选择"工具"→"向导"→"创建布局"命令，打开如图 10.1 所示的"创建布局"向导，可以指定打印设备、确定相应的图纸尺寸和图形的打印方向、选择布局中使用的标题栏或确定视口设置。

单击"下一步"按钮，逐步按照命令输入，则会创建一个新的布局。

2. 管理布局

右击"布局"标签（如图 10.2 所示），使用弹出的快捷菜单中的命令，可以删除、新建、重命名、移动或复制布局，如图 10.3 所示。

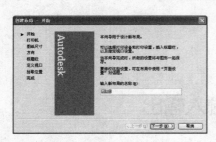

图 10.1　创建布局

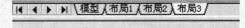

图 10.2　模型与布局的标签

图 10.3　布局快捷菜单

3. 布局的页面设置

在模型空间中完成图形的设计和绘图工作后，就要准备打印图形。此时，可使用布局功能来创建图形多个视图的布局，以完成图形的输出。当第一次从"模型"标签切换到"布局"标签时，将显示一个默认的单个视口并显示在当前打印配置下的图纸尺寸和可打印区域。也可以使用"页面设置"对话框对打印设备和打印布局进行详细的设置，还可以保存页面设置，然后应用到当前布局或其他布局中。

4. 页面设置

在 AutoCAD 2007 中，可以使用"页面设置"对话框来设置打印环境。选择"文件"→"页面设置管理器"命令，打开"页面设置管理器"对话框，如图 10.4 所示。

5. 使用布局样板

布局样板（如图 10.5 所示）是从 DWG 或 DWT 文件中导入的布局，利用现有样板中的信息可以创建新的布局。AutoCAD 提供了众多布局样板，以供用户设计新布局环境时使用。根据布局样板创建新布局时，新布局中将使用现有样板中的图纸空间几何图形及其页面设置。这样，将在图纸空间中显示布局几何图形和视口对象，用户可以决定保留从样板中导入几何图形，还是删除几何图形。

图 10.4　"页面设置管理器"对话框

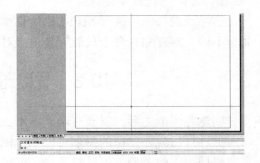

图 10.5　布局样板

6. 使用浮动窗口

在构造布局图时，可以将浮动视口视为图纸空间的图形对象，并对其进行移动和调整。浮动视口可以相互重叠或分离。

在图纸空间中无法编辑模型空间中的对象，如果要编辑模型，必须激活浮动视口进入浮动模型空间。激活浮动视口的方法有多种，如可执行 MSPACE 命令、单击状态栏上的"图纸"按钮或双击浮动视口区域中的任意位置。

7. 删除、新建和调整浮动视口

在布局图中，选择浮动视口边界，然后按 Delete 键即可删除浮动视口。删除浮动视口后，使用"视图"→"视口"→"新建视口"命令，可以创建新的浮动视口，此时需要指定创建浮动视口的数量和区域。

8. 相对图纸空间比例缩放视图

如果布局图中使用了多个浮动视口，就可以为这些视口中的视图建立相同的缩放比例，这时可选择要修改其缩放比例的浮动视口，在"特性"窗口的"标准比例"下拉列表框中选择某一比例，然后对其他的所有浮动视口执行同样的操作，就可以设置一个相同的比例值。

9. 控制浮动视口中对象的可见性

在浮动视口中，可以使用多种方法来控制对象的可见性，如消隐视口中的线条、打开或关闭浮动视口等。使用这些方法可以限制图形的重生成，突出显示或隐藏图形中的不同元素。

如果图形中包括三维面、网格、拉伸对象、表面或实体，打印时可以删除选定视口中的隐藏线。视口对象的隐藏打印特性只影响打印输出，而不影响屏幕显示。打印布局时，在"页面设置"对话框中选中"隐藏图纸空间对象"复选框，可以只消隐图纸空间的几何图形，对视口中的几何图形无效。

在浮动视口中，利用"图层特性管理器"对话框可在一个浮动视口中冻结/解冻某层，而不影响其他视口，使用该方法可以在图纸空间中输出对象的三视图或多视图。

10. 在浮动视口中旋转视图

在浮动视口中，执行 MVSETUP 命令可以旋转整个视图。该功能与 ROTATE 命令不同，ROTATE 命令只能旋转单个对象。

10.3　图纸的打印输出

创建完图形之后，需要打印到图纸上，也可以生成一份电子图纸，以便从互联网上进行访问。打印的图形可以包含图形的单一视图，或者更为复杂的视图排列。根据不同的需要，可以打印一个或多个视口，或设置选项以决定打印的内容和图像在图纸上的布置。

打印图纸首先需要安装打印机或者绘图仪，打印的纸幅分为 A3、A2、A1、A0 等，以及各种加长图纸。图纸的种类可分为普通打印纸和描图纸（硫酸纸）。以下以惠普绘图仪为例，演示一下打印的设置过程。

1. 没有图纸布局的图形打印方法

（1）首先将绘图仪驱动装在计算机上。

（2）打开需要打印的图形文件。

（3）选择"文件"→"打印"命令，打开"打印"对话框。打印菜单显示为："模型打印"。

（4）选择"打印机/绘图仪"：选择"hp800"打印机（如图 10.6 所示）。单击绘图仪右侧的"特性"按钮，弹出"绘图仪设置编辑器"对话框，在"绘图仪配置编辑器"对话框中单击"自定义特性"按钮，如图 10.7 所示，弹出图 10.8 所示对话框。

在"尺寸"下拉列表框中选择一个尺寸，或者单击"自定义"按钮，出现图 10.9 所示的对话框。

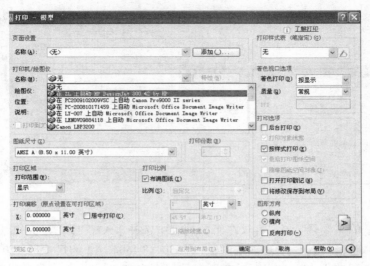

图 10.6 打印机选择

图 10.7 单击"自定义特性"按钮

图 10.8 标准尺寸选择

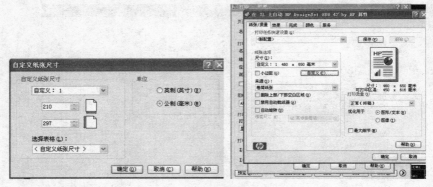

图 10.9　自定义尺寸

该图纸的图幅是 A2，可以在下拉列表中选择"A2"或"过大尺寸 A2"，也可以在"自定义纸张尺寸"对话框中输入"650"，"460"。A2 的尺寸是 420×594mm，自定义输入尺寸稍大一些，可以在图框的范围多打出一部分，方便图纸的装订。在自定义纸张中输入"650""460"后单击"确定"按钮，在上一级菜单的尺寸选项中出现自定义：460×650 毫米的选项。再单击"确定"按钮，回到上一级对话框。自定义纸张尺寸一般用于不标准的图框，可在此处自定义尺寸。

继续单击"确定"按钮，如图 10.10 所示，出现"修改打印机配置文件"对话框，如图 10.11 所示。

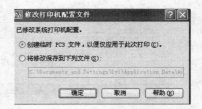

图 10.10　自定义尺寸完成单击"确定"按钮　　图 10.11　"修改打印机配置文件"对话框

继续单击"确定"按钮，在图纸尺寸中选择："自定义：460×650（横向）"，如图 10.12 和图 10.13 所示。

在"打印范围"下拉列表框中选择"窗口"选项，如图 10.14 所示。"打印份数"设置为"1"，如果打印多份，则写出份数，在"打印偏移原点设置在可打印区域"选项区域中选中"居中打印"复选框，"打印比例"选项区域中如果没有图纸比例则选中"布满图纸"复选框，一般图纸是有比例的，在"比例"下拉列表框中选择"自定义"选项，例如图纸的比例是 1:500，则选择 1 毫米=0.5 单位。因为这张图纸是以米为单位做的，所以选择 1 毫米=0.5 单位，如果图纸是以毫米为单位作图，则选择 1 毫米=500 单位。

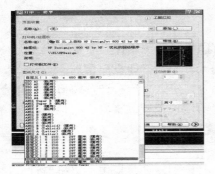
图 10.12　选择自定义尺寸

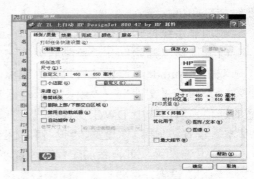
图 10.13　继续单击"确定"按钮

　　"打印范围"下拉列表框中选择"窗口"选项后，如图 10.14 所示用鼠标将打印范围框选一下范围，回到"打印"对话框，单击"预览"按钮，预览一下打印效果，右击，在快捷菜单中选择"打印"命令，即可将图形文件传至打印机进行打印输出。

　　注意：打印绘图纸（硫酸纸）图时，打印颜色为黑色，在打印机属性的菜单中选择颜色标签，点击"黑白图形"打印。

　　2. 有图纸布局的图形打印方法

　　其他步骤和上述相同，在打印范围处选择"布局"选项，如图 10.15 所示进行布局打印。

图 10.14　"打印范围"选择

图 10.15　有图纸布局的打印方法

10.4　模　拟　打　印

　　模拟打印也称非系统打印机打印，是由 HDI 非系统打印机驱动程序支持，打印任务由 AutoCAD 直接控制完成。包括 Calcomp、Oce 等非 HP 系列的绘图仪。

非系统打印机可以自定义图纸的尺寸，第一次使用 AutoCAD 非系统打印机时需要添加打印机。

添加非系统打印机有 4 种方法。

（1）选择"开始"→"控制面板"→"打印机和其他硬件"命令。

双击"Autodesk 绘图仪管理器"图标，进入"添加打印机"窗口。

（2）选择"文件"→"绘图仪管理器"命令，进入打印机选项窗口，选择合适的选项，双击选中 DWG 文件样式，打开"绘图仪配置编辑器"对话框，包括"基本"设置、"端口"设置、"设备和文档设置"。

"基本"设置：可为添加配置添加说明。

"端口"设置：主要设置打印端口的路径，打印到文件是指由计算机通过文件传输打印到另一路径并储存为 PDF 格式，后台打印是指打印文件直接通过系统打印机输出终端。

"打印和文档设置"：提供输入的打印部件选择、存储路径选项和其他默认设置。

（3）选择"工具"→"选项"命令，打开"选项"对话框，在"打印和发布"选项卡中单击"添加或配置绘图仪"按钮，同样进入"添加打印机"窗口。

（4）通过命令行直接输入命令"Plottermanager"，按空格键或回车键执行。该命令主要是在制作平面效果图导入图形时应用，下面做一详细的介绍。

① 打开一张平面图纸，如图 10.16 所示，该图是一个线条图，需要导入到 PS 中进行平面效果的制作。

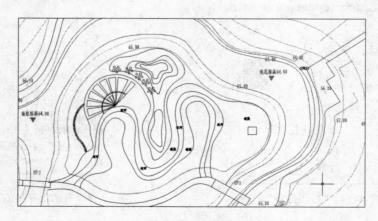

图 10.16　打开一张平面图纸

② 选择"文件"→"打印"命令如图 10.17 所示，弹出如图 10.18 所示的对话框，选择系统打印机"PublishToWeb JPG.pc3"（如图 10.19、图 10.20 所示）弹出如图 10.21 所示的对话框，在图纸尺寸中选择一个合适的尺寸。

图 10.17　打开"打印"命令

图 10.18　"打印"对话框

图 10.19　选择系统打印机

图 10.20　模拟打印机对话框

　　和前一节打印命令相同，在打印范围处选择"窗口"，用鼠标点击窗口，退到图纸中框选打印的范围，选择合适的比例，点击"打印预览"，如图 10.22 所示，点击鼠标右键，选择打印。出现如图 10.23 所示的对话框，选择一个路径将图纸保存，就完成了模拟打印，也就是说这个打印命令是虚拟的，不是打印出具体的图纸，而是形成一个 JPG 格式的文件，找到路径就可以打开如图 10.24 所示的 JPG 格式的文件，然后在 PS 中进行编辑，制作平面效果图。

图 10.21　选择一个合适的尺寸

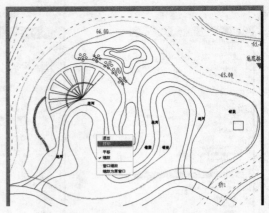

图 10.22　打印

图 10.23　保存文件

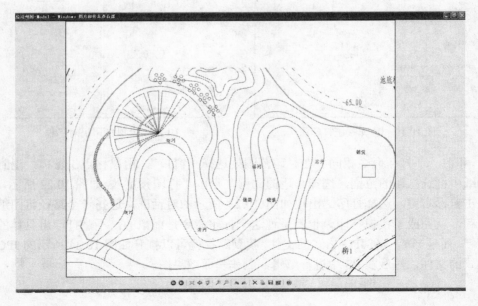

图 10.24　得到 JPG 格式的文件

第 11 章

园林设计综述及 AutoCAD 制图表现

以上章节介绍了园林制图的各种命令，读者对 AutoCAD 制图有了一个详细的了解，本章内容结合园林制图的特殊性，对各种制图的方法进行详细的解说。

11.1 园林地形

掇山理水是传统的造园手法，造园大师施法自然，在平地中仿照自然的山体制作出地形的起伏变化。在造园的过程中，挖了湖就要堆山，园林中的堆山又可称为"掇山""筑山"，人工掇山又可分为土山、石山、土石相间的山等不同的类型。土山在园林设计中按造景的功能分为主山、客山。土山还可以围合空间、屏障、阜障、土丘、缓坡、微地形处理等，在园林设计中土山较高的约 30 米，一般的 10 多米，组织空间的土山为 1.5～3 米，组织游览的土丘约 1 米，缓坡的坡度为 1:4～1:10。

园林地形的表现是用平滑多义线的命令绘制出平滑的封闭性图形。逐层地增高地形的标高，最后标出地形的最高点，如图 11.1 所示。

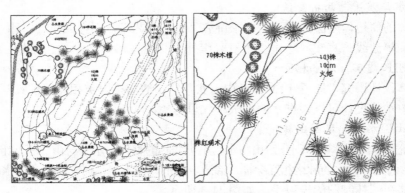

图 11.1 地形的表现方法

大家注意到标注高度的位置线条是断开的，这里要用到"打断"命令。另外如果没有特殊说明，等高线之间的高差是相等的。地形也可以用图 11.2 所示的方式表示。

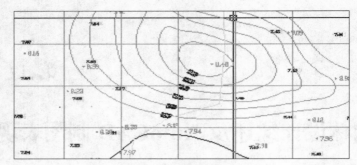

图 11.2　地形的表现方法

11.2　园 林 水 景

既要掇山也要理水，理水首先要沟通水系，即"疏水之去由，查源之来历"，切忌水出无源，或死水一潭。水景的类型可分为静态水景与动态水景。静态水景又可分为规则式和自然式、混合式等类型。规则式静态水景如方形、长形；自然式静态水景如若方形、若三角形、若长方形、狭形、复合形等；动态水景，如溪流、瀑布、泉、跌水等。

在园林中水系设计要求如下。

1. 主次分明，自成系统

水系要"疏水之去由，察水之来历"。水体要有大小、主次之分，并做到山水相连，相互掩映，"模山范水"创造出大湖面、小水池、沼、潭、港、湾、滩、渚、溪等不同的水体，并组织构成完整的体系。

2. 水岸溪流，曲折有致

水体的岸边，溪流的设计，要求讲究"线"形艺术，不宜成角、对称、圆弧、螺旋线、等波线、直线（除垂直条石驳岸外）等线型。

3. 阴阳虚实，湖岛相间

水体设计讲究"知黑守白"，虚中有实，实中有虚，虚实相间，景致万变。一般园林中水体设计可以根据水面的大小加以考虑。

4. 山因水活，水因山转

传统的中国园林山水创作，山与水是不可分割的整体，水系与山体相互组成有机整体，山的走势、水的脉络相互穿插、渗透、融汇，而不能是孤立的山，无水的源。

水体在园林制图的表现手法如图 11.3 所示。

一般就是这两种的表现手法，第一种是湖岸线加上坡向线，第二种是粗实线代表湖岸线，第二条细线代表护坡先，第三条为池底线。如果是自然式水体用样条曲线绘制，如果是规则式水体则是用直线或者多边形、矩形等完成。湖岸线线宽一般为 0.9mm，护坡线和池底线为 0.3mm。

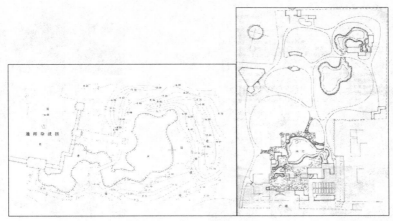

图 11.3　水体设计实例

11.3　园林建筑小品

中国园林中的建筑具有使用和观赏的双重作用，要求园林建筑达到可居、可游、可观。中国传统的园林建筑类型，常见的有厅、堂、楼、阁、塔、台、轩、馆、亭、榭、斋、舫、廊等。《园冶》云："凡园圃之基，定厅堂为主。先乎取景，妙在朝南。""楼阁之基依次序定在厅堂之后"，"花间隐榭，水际安亭"，廊则"蹑山腰，落水面，任高低曲折，自然断续蜿蜒"。这些说明，由于建筑使用的目的、功能不同，建筑的位置选择也各异。

如图 11.4 所示，园林中的建筑的平面类型多种多样，屋顶的类型也形形色色，建筑的基址也千变万化，以园林中的亭子为例，亭子可以是三角形、四方形、五角形、六角形、八角形，其他多边形亭子的平面还有不等边形、曲边形、半亭、双亭、组亭及组合亭、不规则平面等。亭子顶部，有攒尖、歇山、庑殿、十字顶、悬山顶、藏式金顶、重檐顶等类型，亭子的造型千姿百态，亭子的基址，因地制宜，亭子与环境协调统一，各具其妙。古典亭子实例如图 11.5 所示。

亭子可临水而建，可近岸水中建亭；岛上、桥上、溪涧、山顶、山腰、山麓、林中、角隅、平地、路旁，还可以筑台、掇山石建筑。其他园林建筑也不拘一格，"景到随机"，"山楼凭远""围墙隐约于萝间""门楼知稼，廊庑连芸""漏层阴而藏阁，迎先月以登台""榭者，藉也。……或水边或花畔，制亦随态。"总之，中国园林建筑的布局，依据"相地合宜，构园得体"的原则，成为园林中的景物，又是赏景点，以供凭眺、畅览园林景色，同时可防日晒、避雨淋，是纳凉、小憩的游人之处，现代中国园林，由于为广大群众所享受，所以相应的要求新的园林建筑类型。如拉膜亭、仿木质花架等。

中国园林建筑的布局手法如下。

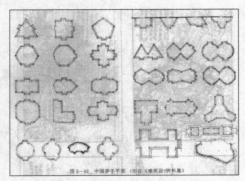

图 11.4 亭子建筑平面

图 11.5 古典亭子实例

1. 山水为主，建筑配合

中国园林的基本特点之一，就是"山水为主，建筑是从"。建筑有机地与周围结合，创造出别具特色的建筑形象。

2. 统一中求变化，对称中有异象

任何园林布局，都必须着眼于整体。按构图规律，组合全园成为统一的整体，同时力求其中的变化。对园林建筑的布局来讲，就是除了有主有从外，还要在统一中求变化，在对称中求灵活。

3. 对景顾盼，借景有方

所谓对景，一般指在园林中观景点具有透视线的条件之下所面对的景物之间形成对景，一般透视线穿过水面、草坪、或仰视或俯视空间，两景物之间互为对景。

园林建筑小品的表现方法如下。

建筑小品一般要做出平面图（如图 11.6 所示）、立面图（如图 11.7 所示）、剖面图（如图 11.8 所示）、结构图等，要能够达到施工者见到图纸能够施工的水平。这其中还经常要借鉴建筑图集。

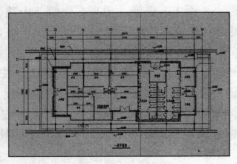

图 11.6 建筑平面表现

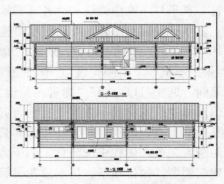

图 11.7 建制立面图纸表现

　　一般的建筑图纸线条很规则，用的命令有直线、矩形、圆形、偏移、镜像、阵列等。

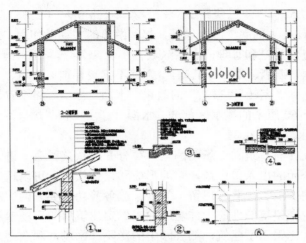

图 11.8　建筑剖面图纸表现

11.4　道 路 系 统

　　园林中，道路系统的设计是十分重要的内容之一，从上述规则式园林与自然式园林的比较中不难看出，由于不同的道路设计形式（当然也综合其他的构园因素），决定了园林的形式，表现了不同园林的内涵。

　　美国近代园林先驱阿姆斯特德在其长期的生产实践中，总结了有关园林设计的理论要点，阿姆斯特德原则要点如下。

　　（1）保护自然景观，园林设施融化于自然环境之中。

　　（2）尽可能避免使用规则形式。

　　（3）保持公园中心区一定面积的草坪、草地。

　　（4）道路成流畅曲线流线型，并成循环系统。

　　（5）全园靠道路划分不同区域。

　　（6）选用当地的乔木、灌木。

　　在上述原则中，阿姆斯特德讲了两点关于园路设计的原则。其一：论述了道路在公园或其他类型园林的规划设计中，它既是园林划分不同区域的界限，又是连接园林各不同区域活动内容的纽带。园林设计过程中，除考虑上述内容外，设计的园路还应当起到引导游览、组织风景系列的作用。同时，要使道路与山体、水系、建筑花木之间构成有机的整体。园林道路的设计，首先要考虑系统性。要从全园的总体着眼，确定主路系统，主路是全园的框架，要求成循环系统。一般园林中，入园后，道路不是直线延伸到底（除纪念性园林外）。道路的循环系统将形成多环、套环的游线，产生园界有限而游览无数的效果。路的转折，符合游人的行为规律。

一般主路宽 5～7 米，二级路 2.5～3.5 米，小路 0.9～1.2 米，汀路、山道 0.6～0.8 米。主路设计要大曲率、流顺通畅，起到游览的主动脉作用，组织游览，疏导游人；同时要方便生产和管理。主路纵坡宜小于 8%，横坡宜小于 3%。为交通运输方便（如管理、喷洒、生产等活动），主路不宜设梯道。次路、小路宜顺地势而盘旋，甬路要达到"宛转""自然"的效果。水面"汀步"路不宜设置在深水大湖面，一般在 50～60 厘米的浅水区部分。水面"汀步"和草坪"汀步"宜在较小的园林空间中应用。

道路设计往往与建筑、广场两因素不可分开。从某种意义讲，广场就是道路的扩大部分，公园的出入口广场，它的形成和设计依据，可以理解为多股人流，即进出入人流的交汇、集散、逗留、等候、服务等功能要求的客观要求。建筑与道路之间，也根据建筑的性质、体量用途来确定建筑前的广场或者地坪的形状、大小。大型、文化娱乐型建筑，如公园中的影院、剧场，观众必须在逗留时间内集散，上一场观众退场，下一场观众进场的高密度、短时间的更换，要求有足够的容纳空间，这就需要广场的设计。

道路与建筑、广场的组合，忌"歪门斜道"，要求端正，设计图形要有规律可行的曲线流线型，考虑设计与施工的结合，不宜过分随意。园林的道路和广场设计同时还要考虑其图案、色彩、装饰诸因素的应用，以提高园景的观赏效果。

道路、广场设计要考虑游人的安全，尤其注意雪天、雨天等气候条件下，保证游人安全的问题。一般主路纵坡上限为 12%，小路丛坡宜小于 18%，主路考虑方便通车等因素，不宜设置台阶、陡坡。

园桥可称之为"跨水之路"。它既起到全园交通连接的功能，又兼备赏景、造景的作用。尤其是以水体为主的水景园，古典园林中的圆明园，现代公园中的天津水上公园，南京的玄武湖，都是多堤桥的园林类型。

园桥的形式有拱桥、折桥、板桥、亭桥、廊桥、索桥、浮桥、吊桥、假山桥、风雨桥、闸桥、独木桥等。

规则式道路用直线或图形来绘制，自然式道路用样条曲线或者弧线来绘制，线宽为 0.6 毫米。

11.5　园林植物的配置

植物造景是园林种植设计是园林设计全过程中十分重要的组成部分之一。东西方园林各自具有特点，欧洲的建园布置标准要求体现整理自然、征服自然、改造自然的指导思想，其标准，种植设计是按人的理念出发，整形化、图案化。当然，西方园林的种植设计不可能脱离全园的总布局，在强烈追求中轴对称、成排成行、方圆规矩规划布局的系统中，也就产生了建筑式的树墙、绿篱，行列式的种植形式，树木修剪成各种造型或动物形象，构成欧洲式传统的种植设计体系。中国的园林种植方法则另辟蹊径，强调和着重点是借花木表达思想感情，同时以中国画论为理论基础，追求自然的山水构图，寻求自然风景，传统的中国园林，不对树木做任何整形。正是这一点，形成了中国园林和日本园林的主要区别之一。

中国园林善于应用植物题材，表达造园意境，或以花木作为造景主题，创造风景点，或建立主题公园。古典园林中，以植物为主景观赏的实例很多，如圆明园中的杏花春馆、柳浪闻莺、曲院风荷、碧桐书屋、汇芳书院、菱荷香、万花阵等风景点。承德避暑山庄中的万壑清风、松鹤清樾、青枫绿屿、梨花伴月、曲水荷香、金莲映日等景点。苏州古典园林中的拙政园（金果园）、远香堂、玉兰堂、海棠春坞、听雨轩、柳荫路曲、梧竹幽居等以枇杷、荷花、玉兰、海棠、柳树、竹子、梧桐等植物为素材，创造的植物景观。

中国现代公园规划，也沿袭古典园林中传统手法，创造植物主题景点。北京紫竹院公园的新景点：竹院春早、绿荫细浪、曲院秋深、艺苑、饮紫榭枫荷夏晚等。目前，国内已经已建成的各类公园、风景点中的植物专类园有月季园、牡丹园、竹类园、木兰园、杜鹃园、桂花园、棕榈园等，上述专类园在公园规划中，可根据当地气候条件、地理位置而灵活应用。

混合式园林融东西方园林于一体，中西合璧。园林种植设计强调传统的艺术手法与现代精神相结合，创造出符合植物生态要求，环境优美，景色迷人，健康卫生的植物空间，满足游人的游赏要求。

下面介绍园林植物种植规划要点。

自然界的植物素材，主要以树木、花、草为主，如果按生态环境条件，则可分为陆生、水生、沼生等类型。园林中主要研究园林草坪、园林花卉、园林树木以及水生植物、攀缘植物等在园林设计中的应用，如图 11.9 所示。

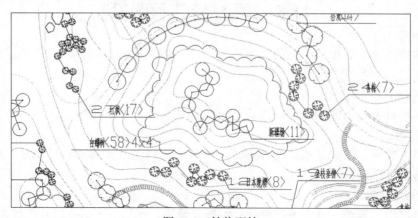

图 11.9 植物配植

1. 园林植物造景要点

（1）四季景观。园林中，主要的构成因素和环境特色是以绿色植物为第一位，而规划设计要从四季景观效果考虑，不同的地理位置，不同气候带各有特色。中国北方地区，尽可能做到四季变化的植物造景，令游人百游不厌，流连忘返。

（2）专类园。在我国，以不同的植物种类组成的专类园，在园林规划中，尤其是在公园总体景点规划中是不可缺少的内容。

（3）水生植物区。园林水体中，水生植物以及耐水湿植物的布置，将为丰富园景起良好的效果。

（4）温室、盆景区。在有条件的地方，园林中，尤其在公园内建设园中之园——盆景园，还有展览温室，是冬季以及其他季节室内植物展览的精华区。

（5）花圃、苗圃。公园中花圃和苗圃，往往和管理区划为一个区，或单独划出。一般花圃、苗圃区包括生产温室、车库、仓库、荫棚、管理药房。有条件的可以配备开展科学研究的实验室。

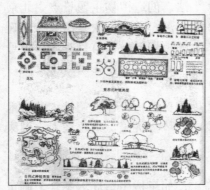

图 11.10　各种种植形式

2. 种植类型

园林中植物造景的素材，无非是常绿乔木、常绿灌木、落叶灌木、花卉、草皮、地被植物，再有就是水生植物。其中陆地植物造景是园林种植设计的核心和主要内容。

种植形式可分为丛植、色块种植、孤植、对植、片植以及近年来多有应用的复层混交种植，如图 11.10 所示。

11.6　园林施工图实例

本节以一个简单的实例为大家讲解一下，施工图的设计、制图的方法的全过程。

1. 项目概况

本项目为一小区中心广场的设计，该地块南北宽 37.6 米，东西长 44 米，如图 11.11 所示。

甲方要求，做成中心广场的形式，中间为可以进行集体活动的场地，场地周围要布置停车场。

2. 规划设计

根据甲方要求，进行规划设计，先划分地块，规划出停车位以及广场的位置，如图 11.12 所示。

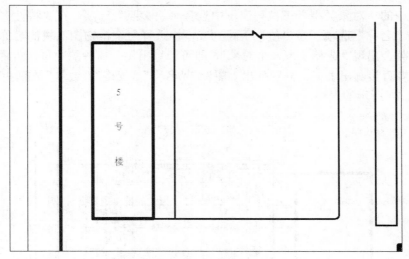

图 11.11　项目概况

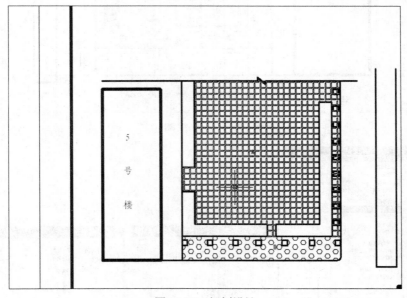

图 11.12　规划设计

3. 绘图

按照学过的方法进行图形的绘制，绘出各种园林要素。并在现场找一个相对固定的点作为坐标的相对（0，0）点，以这个点画出 5 米×5 米的相对方格网，在施工时先找到这个坐标点，然后根据坐标网格进行放线，如图 11.13 所示。

4. 苗木表的统计

如图 11.14 所示，选择"工具"→"快速选择"命令，在弹出的"快速选择"

对话框中的"对象类型"下拉列表框中选择"块参照"选项,在"特性"列表框中选择"名称"选项,在"值"下拉列表框中选择每个植物图例块的名称,在命令行中就会出现"选择了××个对象",即可计算出每个树种的数量。然后创建表格,或者直接画出表格,分别列出"图例""名称""规格""数量""备注",形成如图 11.15 所示的表格。

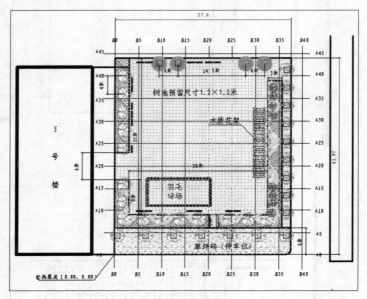

图 11.13　绘图

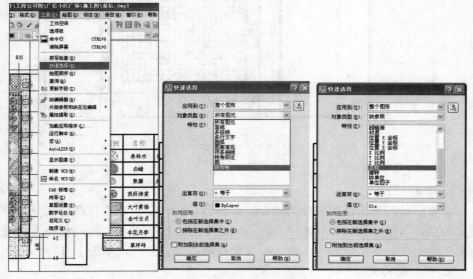

图 11.14　快速选择

图例	名称	规格	数量 (株)	
	悬铃木	胸径 10 – 12CM	31	
	白蜡	胸径 6-8CM	4	
	紫藤	冠径 80 – 100CM	7	
	西府海棠	地径 4 – 5CM	8	
	大叶黄杨	30 × 40CM	3550	25株/平米
	金叶女贞	30 × 40CM	2620	25株/平米
	丰花月季	二年生	456	16株/平米
	草坪砖		221平米	

图 11.15　统计苗木表

5. 施工图

种植图完成后，还要绘制管线图、铺装图纸等，如图 11.16～图 11.20 所示。

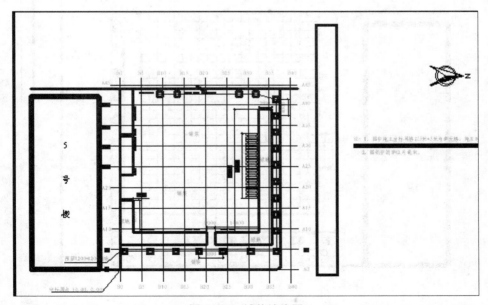

图 11.16　铺装放线图

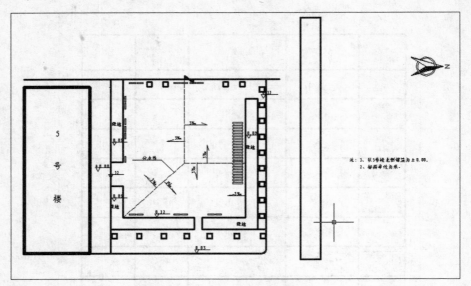

图 11.17　竖向图

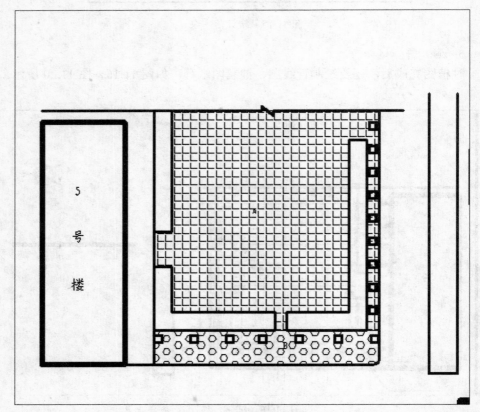

图 11.18　铺装平面分布图

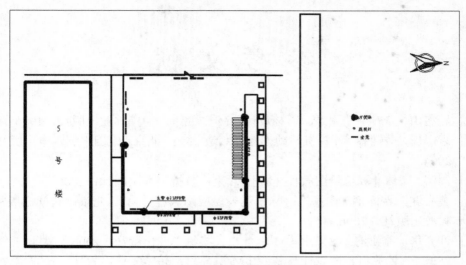

图 11.19 灯位、管线布置图

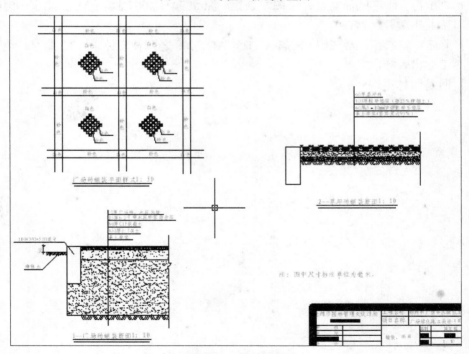

图 11.20 做法详图

至此，一套完整的施工图纸就完成了。各位读者在学习的过程中要注意各个命令的综合运用，做到举一反三。只有熟练地掌握各个命令及编辑方法，才能很好地应用 AutoCAD 软件辅助园林设计。

参 考 文 献

[1] 唐雪山，李雄，曹礼昆. 园林设计 [M]. 北京：中国林业出版社，1996.

[2] 袁泽虎，戴锦春. 计算机辅助设计与制造 [M]. 北京：中国水利水电出版社，2004.

[3] 周涛. 园林计算机绘图教程 [M]. 北京：机械工业出版社，2006.

[4] 黄心渊，翟海涓. 计算机园林景观表现应用教程 [M]. 北京：科学出版社/科海出版社，2006.

[5] 许喜华，李洪海. 效果图 [M]. 北京：机械工业出版社，2006.

[6] 刘德平. 计算机辅助设计与制造 [M]. 北京：化学工业出版社，2007.

[7] 刘继海. 计算机辅助设计绘图习题集（AutoCAD 2007 版）[M]. 北京：国防工业出版社，2009.

[8] 陈敏，赵景伟，刘文栋. 聚焦 AUTOCAD 2008 之园林设计 [M]. 北京：电子工业出版社，2009.

[9] 网易园林论坛.